U0277649

Adobe Dreamweaver 2020
基础培训教材

王琦 主编　　刘胜喜 鲁慧娟 编著

人民邮电出版社
北　京

图书在版编目（CIP）数据

Adobe Dreamweaver 2020基础培训教材 / 王琦主编；
刘胜喜，鲁慧娟编著. -- 北京：人民邮电出版社，
2020.9
ISBN 978-7-115-54496-4

Ⅰ. ①A… Ⅱ. ①王… ②刘… ③鲁… Ⅲ. ①网页制
作工具－技术培训－教材 Ⅳ. ①TP393.092.2

中国版本图书馆CIP数据核字(2020)第137633号

内 容 提 要

本书是Adobe中国授权培训中心的官方教材，面向Dreamweaver 2020初学者。全书深入浅出地讲解了软件的使用技巧，并用实战案例进一步引导读者掌握软件的应用方法。

全书以Dreamweaver 2020版本为基础进行讲解：第1课讲解Dreamweaver的应用范围和学习方法、ACA 证书的获取，以及Dreamweaver的下载、安装、卸载方法；第2课讲解Dreamweaver 2020的基础操作；第3课讲解HTML的含义以及Dreamweaver 2020默认代码解读；第4课讲解"插入"面板和"DOM"面板的使用；第5课对常见的HTML标记做深入讲解；第6课讲解表单的各种类型以及使用方法；第7课讲解"CSS设计器"面板；第8课为深入认识CSS；第9课为深入理解CSS常用样式；第10课为CSS技巧精讲；第11课为HTML+CSS的应用；第12课为HTML+CSS专题讲解；第13课讲解Dreamweaver 2020代码编辑技巧；第14课为HTML+CSS整站案例实战；第15课讲解HTML5基础；第16课讲解CSS3常用样式；第17课讲解响应式布局。部分章节课后还布置了练习题，用以检验读者的学习效果。

本书附赠视频教程、讲义，以及案例的素材、源文件等，以便读者拓展学习。

本书适合Dreamweaver 2020的初、中级用户学习使用，也适合作为各院校相关专业学生和培训班学员的教材或辅导书。

◆ 主　　编　王　琦

　　编　　著　刘胜喜　鲁慧娟

　　责任编辑　赵　轩

　　责任印制　王　郁　马振武

◆ 人民邮电出版社出版发行　　北京市丰台区成寿寺路 11 号
　邮编　100164　电子邮件　315@ptpress.com.cn
　网址　https://www.ptpress.com.cn
　雅迪云印（天津）科技有限公司印刷

◆ 开本：787×1092　1/16
　印张：16
　字数：278 千字　　　　　　　　2020 年 9 月第 1 版
　印数：1 - 4 000 册　　　　　2020 年 9 月天津第 1 次印刷

定价：59.00 元

读者服务热线：(010)81055410　印装质量热线：(010)81055316
反盗版热线：(010)81055315
广告经营许可证：京东市监广登字 20170147 号

编委会名单

主　编：王　琦

编　著：刘胜喜　鲁慧娟

编委会：（以下按姓氏音序排列）
　　　　倪宝有　火星时代教育互动媒体学院院长
　　　　杨　雪　景德镇陶瓷大学
　　　　张　耀　苏州工业园区服务外包职业技术学院

随着移动互联网技术的高速发展，数字艺术为电商、短视频、5G等新兴领域的飞速发展提供了前所未有的强大助力。以数字技术为载体的数字艺术行业，在全球范围内呈现出高速发展的态势，为中国文化产业的再次盛兴贡献了巨大力量。据2019年8月发布的《数字文化产业发展趋势报告》显示，在经济全球化、新媒体融合、5G产业即将迎来大爆发的行业背景下，数字艺术还会迎来新一轮的飞速发展。

行业的高速发展，需要持续不断的"新鲜血液"注入其中。因此，我们要不断推进数字艺术相关行业的职教体系的发展和进步，培养更多能够适应未来数字艺术产业的技术型人才。在这方面，火星时代积累了丰富的经验，作为中国较早进入数字艺术领域的教育机构，自1994年创立"火星人"品牌以来，一直秉承"分享"的理念，毫无保留地将最新的数字技术，分享给更多的从业者和大学生，无意间开启了中国数字艺术教育元年。26年来，火星时代一直专注数字技能型人才的培养，"分享"也成为我们刻在骨子里的坚持。现在，我们每年都会为行业输送数以万计的优秀技能型人才，教学成果、图书教材和教学案例通过各种渠道辐射全国，很多艺术类院校或相关专业都在使用火星时代出版的图书教材或教学案例。

火星时代创立初期的主业为图书出版，在教材的选题、编写和研发上自有一套成功经验。从1994年出版第一本《3D studio 三维动画速成》至今，火星时代出版教材超100种，累计销量已过千万。在纸质图书从式微到复兴的大潮中，火星时代的教学团队也从未中断过在图书出版方面的探索和研究。

"教育"和"数字艺术"是火星时代长足发展的两大关键词。教育具有前瞻性和预见性，数字艺术又因与计算机技术的发展息息相关，一直都奔跑在时代的最前沿。而在这样的环境中，居安思危、不进则退成为火星时代发展路上的座右铭。我们从未停止过对行业的密切关注，尤其是技术革新对人才需求的新变化。2020年上半年，通过对上万家合作企业和几百所合作院校的最新需求调研，我们发现，对新版本软件的熟练使用，是联结人才供需双方诉求的最佳结合点。因此，我们选择了目前行业需求最急迫、使用最多、版本最新的几大软件，发动具备行业一线水准的火星时代精英讲师，精心编写出这套基于软件实用功能的系列图书。该系列图书内容全面覆盖软件操作的核心知识点，还创新性地搭配了按照章节定义的教学视频、课件PPT、教学大纲、设计资源及课后练习题，非常适合零基础读者，同时还能够很好地满足各大高等专业院校、高职院校的视觉、设计、媒体、园艺、工程、美术、摄影、编导等相关专业的授课需求。

学生学习数字艺术的过程就是攀爬金字塔的过程。从基础理论、软件学习、商业项目实战、专业知识的横向扩展和融会贯通，一步步地进阶到金字塔尖。火星时代在艺术职业教育领域经过26年的发展，已经创造出一整套完整的教学体系，帮助学生在成长中的每个阶段都能完成挑战，顺利进入下一阶段。我们出版图书的目的也是如此。这里也由衷感谢人民邮电出版社和Adobe中国授权培训中心的大力支持。

　　美国心理学家、教育家布鲁姆曾说过："学习的最大动力，是对学习材料的兴趣。"希望这套浓缩了我们多年教育精华的图书，能给您带来极佳的学习体验！

王琦

火星时代教育创始人、校长

中国三维动画教育奠基人

软件介绍

Dreamweaver是Adobe公司推出的一款集网页制作和网站管理于一身的网页代码编辑器。设计师和程序员通过它可以创建编辑代码，快速制作网页并进行网站建设。

本书是基于Dreamweaver 2020编写的，建议读者使用该版本软件。如果读者使用的是其他版本的软件，也可以学习本书内容，但部分操作会有些不同。

内容介绍

第1课"走进实用的Dreamweaver世界"让读者了解Dreamweaver可以做什么，如何获取ACA证书，软件安装、下载、卸载方法，以及如何高效合理地学习本课程。

第2课"Dreamweaver 2020的基础操作"讲解Dreamweaver 2020开始界面、站点、界面布局设置、浏览器设置等基础操作。

第3课"了解HTML"讲解什么是HTML，什么是标记，HTML标记的分类和关系，并且分别讲解<head>、<title>、<meta>、<body>标记的含义，并对Dreamweaver 2020的默认代码进行解读。

第4课"使用'插入'和'DOM'面板"分别讲解"插入面板"和"DOM"面板的使用，通过"插入"面板可以插入div、img、段落、标题等常见的HTML标记，通过"DOM"面板可以查看、编辑网页结构。

第5课"深入认识HTML标记"对常见的HTML标记做深入讲解。

第6课"表单使用"让读者了解表单的各种类型以及使用方法。

第7课"'CSS设计器'面板"讲解源的使用、选择器、CSS属性。

第8课"深入认识CSS"讲解什么是CSS、CSS的书写方式、CSS基本语法、选择器。

第9课"深入理解CSS常用样式"讲解背景样式、字体样式、段落样式、list-style列表样式、margin外间距样式、padding内填充样式、border边框样式、float浮动样式、position定位样式、z-index提升层级、cursor光标样式以及其他样式。

第10课"CSS技巧精讲"讲解选择器的优先级、margin-top属性、标记类型、盒模型。

第11课"HTML+CSS的应用"讲解CSS默认样式重置、注释的使用、超链接href属性的作用。

第12课"HTML+CSS专题讲解"讲解浮动专题、清浮动专题、定位专题、导航专题、表单专题。

第13课"Dreamweaver 2020代码编辑技巧"讲解快速创建HTML标记、快速添加CSS样式、管理代码。

第14课"HTML+CSS整站案例实战"让读者了解普通结构的整站制作流程，分别讲解新建站点、网页拆分、网页制作的实战操作。

第15课"HTML5基础"讲解什么是HTML5，HTML5的优势、HTML5新增标记、<input>标记的新增类型。

第16课"CSS3常用样式"讲解伪类选择器、text-shadow文本阴影、rgba颜色模式、box-shadow盒阴影、border-radius圆角、box-sizing盒模型尺寸、transition过渡样式、transform转换样式、animation动画。

第17课"响应式布局"讲解响应式布局的原理和实现方法。

本书特色

本书内容循序渐进，理论与应用并重，能够帮助读者从零基础入门到进阶提升。此外，本书提供了完整的课程资源，还融入了大量的视频教学内容，使读者可以更好地理解、使用Dreamweaver 2020编写网页代码。

理论知识与实践案例相结合

本书有别于纯粹的软件技能和案例教学图书，理论知识的讲解会深入知识点背后的原理，再通过实践案例巩固知识点，让读者真正做到活学活用。

资源

本书包含大量资源，包括视频教程、讲义、案例素材、源文件等。视频教程与书中内容相辅相成、相互补充；讲义可以使读者快速梳理知识要点，也可以帮助教师制定课程教案。

作者简介

王琦：火星时代教育创始人、校长，中国三维动画教育奠基人，被业界尊称为"中国CG之父"，北京信息科技大学兼职教授、上海大学兼职教授，Adobe教育专家、Autodesk教育专家，出版《三维动画速成》《火星人》等系列图书和多媒体音像制品50余部。

刘胜喜：火星时代教育互动媒体学院教学主任、专家讲师，第三季木疙瘩模板大赛评委，第16届中国大学生广告艺术节学院奖优秀指导教师，服务单位包括国务院、北京教育考试院、北京语言大学、联想集团等。

鲁慧娟：火星时代教育互动媒体学院资深讲师，资深Web设计师、Web前端工程师，专注于网页、电商等领域，8年设计工作经验，曾服务于网易、北京奥辰博信环保、辽宁永壮及多家淘宝店铺等。

读者收获

学习完本书后，读者可以熟练掌握Dreamweaver 2020软件操作，并且能快速实现网站页面的代码制作。

本书在编写过程中难免存在疏漏之处，希望广大读者批评指正。如果读者在阅读本书过程中有任何建议，可以发送电子邮件至zhaoxuan@ptpress.com.cn联系我们。

编者

2020年8月

课程名称	Adobe Dreamweaver 基础培训		
教学目标	使学生掌握Dreamweaver 2020的使用方法，并能制作完整的网页作品。		
总课时	64	总周数	16
课时安排			
周次	建议课时	教学内容	作业
1	4	走进实用的Dreamweaver世界（本书第1课） Dreamweaver 2020的基础操作（本书第2课）	—
2	4	了解HTML（本书第3课） 使用"插入"和"DOM"面板（本书第4课）	1
3	4	深入认识HTML标记（本书第5课）	1
4	4	表单使用（本书第6课）	1
5	4	"CSS设计器"面板（本书第7课）	—
6	4	深入认识CSS（本书第8课）	1
7	4	深入理解CSS常用样式（上）（本书第9课1-5节）	—
8	4	深入理解CSS常用样式（下）（本书第9课6-12节）	1
9	4	CSS技巧精讲（本书第10课）	1
10	4	HTML+CSS的应用（本书第11课）	1
11	4	HTML+CSS专题讲解（本书第12课）	1
12	4	Dreamweaver 2020代码编辑技巧（本书第13课）	—
13	4	HTML+CSS整站案例实战（本书第14课）	—
14	4	HTML5基础（本书第15课）	1
15	4	CSS3常用样式（本书第16课）	1
16	4	响应式布局（本书第17课）	—

本书导读

本书以课、节、知识点、注意和本课练习题对内容进行了划分。

课　每课将讲解具体的功能或项目。

节　将每课的内容划分为几个学习任务。

知识点　将每节内容的理论基础分为几个知识点进行讲解。

注意　本知识点应注意的地方。另外，本书中部分代码进行了加粗，只为突出内容，实际书写代码时不需要加粗。

本课练习题 大部分的课后有与该课内容紧密相关的练习题,包含题目、参考答案和练习要点提示,帮助读者巩固所学知识。

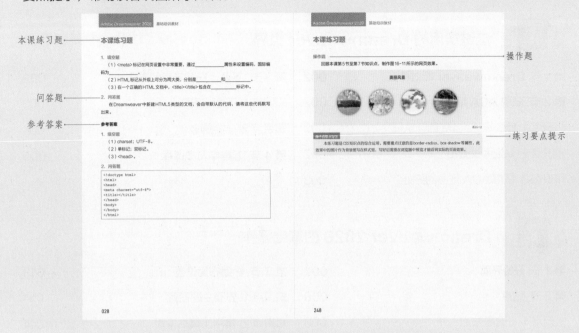

资源获取

本书附赠案例详细讲解视频、拓展视频课"表格"和"网站上线"、所有案例的素材文件和结果文件、所有课程的讲义。登录QQ,搜索群号"298353148"加入火星时代Dreamweaver图书售后群,即可获得本书所有资源的下载方式。

目录

第 5 课　深入认识 HTML 标记

第 6 课　表单使用

第 7 课　"CSS 设计器" 面板

目录

第 8 课　深入认识 CSS

第 9 课　深入理解 CSS 常用样式

第 10 课　CSS 技巧精讲

第 11 课　HTML+CSS 的应用

目录

第 **16** 课 **CSS3 常用样式**

第 **17** 课 **响应式布局**

第 **1** 课

走进实用的Dreamweaver世界

Dreamweaver是Adobe公司开发的一款集网页制作和网站管理于一身的网页代码编辑器。基于其对HTML、CSS、JavaScript等内容的支持，设计师和开发人员可以快速地使用Dreamweaver制作网页并进行网站建设。

Dreamweaver也是当下流行的编辑器之一，它提供了大量的代码设计和编辑工具，为每个使用者提供了极大的方便。

本课知识要点

◆ Dreamweaver能做什么

◆ 获取ACA证书

◆ 下载、安装与卸载方法

◆ 怎样学习本课程

第1节　Dreamweaver能做什么

Dreamweaver自问世以来就受到广大用户的欢迎，它具有以下特点。

▌专业的HTML编辑器。Dreamweaver具有强大的代码编辑能力，用户可以手写代码，也可以通过软件自带的工具来生成代码。用户可以轻松掌握代码全局并加以修改。Dreamweaver 2020新增了对Emmet插件的支持，通过它可以快速地生成代码。

▌所见即所得。用户在使用Dreamweaver编写代码的同时就可以实时预览网页效果，这一功能深受用户欢迎，这样用户就可以在第一时间对代码进行修改调整，提高工作效率。

▌错误检测。Dreamweaver 2020新增了对实时错误检查功能的支持，用户通过它可以了解代码的错误类型并迅速定位到错误处进行修改，以便快速准确地写出更简洁的代码。

▌Dreamweaver 2020的UI界面也经过重新设计，精简整洁，用户可以自定义工作区，显示需要使用的工具。Dreamweaver 2020还提供了适用于Windows操作系统的多显示器支持，用户可以在多个显示器上显示网页，扩大工作区。

第2节　获取ACA证书

学习完Dreamweaver后还可以考取Adobe的国际认证证书，即ACA证书。

知识点 1　什么是 Adobe 国际认证

Adobe国际认证是Adobe公司推出的国际认证，是企业考核和选拔人才的参考标准，也代表了Adobe公司对使用者某一个应用能力的认可，它是一套面向全球Adobe软件的学习者和使用者的全面、科学、严谨、高效的考核体系。

认证科目有Dreamweaver、Photoshop、InDesign、Illustrator、Animate等，如图1-1所示。

图1-1

知识点 2　认证考试介绍

Adobe国际认证考试方式为在线考试，考试时间为50分钟，共40题，5种题型，包含单选题、多选题、配套题和软件操作题等。考试满分为1000分，700分为合格。

每通过一款软件的认证考试，就可以获得一张对应的认证证书，该证书适用于任何专业的学生和Adobe产品使用者，如图1-2所示。获得Photoshop、Animate、Dreamweaver这3门同版本产品证书后可免费换取Adobe网页设计师证书。

图1-2

知识点 3 获得 ACA 证书的好处

获得ACA证书有以下好处。

▎ 证书由Adobe公司全球CEO签发，获得全球认可。

▎ ACA证书是相关企业考核和选拔录用人才的参考标准。

▎ 可以验证从业者的专业技能，提升市场竞争力，证明持证者在该领域具备一定的专业度。

▎ 可获得ACA世界大赛参赛资格，ACA 世界大赛是创意领域中的重大竞赛活动，面向全世界青年学生。

▎ 可获得ACA专属徽章，当考生通过Adobe国际认证的任意一项科目时，将会收到ACA专属徽章的获取通知。专属徽章为通过Adobe国际认证的考生提供了一种简单地向全世界展示证书的方式，是考生自身能力水平的象征。

▎ 可以定期参与设计主题沙龙。通过Adobe国际认证的任一科目的考生，都可以获得参与Adobe中国授权培训中心定期组织的线上线下活动的资格，可以近距离与资深从业者接触，交流设计心得，结识更多的业内朋友。

第3节 下载、安装与卸载方法

在正式学习Dreamweaver之前，需要下载并安装软件。

知识点 1 下载与安装

Dreamweaver几乎每年都会进行一次版本更新迭代，会优化、调整、新增一些功能。

本书基于Dreamweaver 2020版进行讲解，建议学习者下载同版本的软件进行同步练习。

下载Dreamweaver的方法很简单，只需要登录Adobe官方网站，找到"支持"里的"下载和安装"栏目，在该栏目中就可以下载正版的Dreamweaver了，如图1-3所示。

图1-3

下载软件后，根据安装文件的提示进行软件安装即可。

知识点 2　软件卸载

　　打开"控制面板"窗口，单击"卸载程序"选项，打开"程序和功能"窗口，选择"Adobe Dreamweaver 2020"并右击，在弹出的快捷菜单中执行"卸载/更改"命令，之后按照提示一步一步操作即可，如图1-4和图1-5所示。

图1-4

图1-5

第4节 怎样学习本课程

本书提供了同步的学习视频和课程资料，建议在看书的同时配合视频来学习。本课程中讲解的都是实用和常用的知识点，不光讲解软件操作，还有专业知识的深入讲解，并通过实战案例进一步巩固知识点和熟悉整站制作思路。想要学好本课程，建议读者按以下学习思路进行。

本书第1课至第4课为软件基本操作和HTML的基础知识，要求读者达到了解的程度。

本书第5课为深入认识HTML标记，需要读者熟练掌握并牢记本课中提到的所有标记，要求读者达到熟练手写HTML标记的程度。

本书第6课为表单使用的知识，需要读者达到熟悉的程度。

本书第7课为"CSS设计器"面板的操作，属于软件操作部分，需要读者达到了解的程度。

本书第8课至第12课为CSS知识的深入讲解和HTML+CSS的综合使用，需要读者熟练操作和理解。

本书第13课为Dreamweaver 2020代码编辑技巧，里面讲到快速创建代码的方法，需要用户熟练掌握。学好这一课，第14课的案例实战实现起来将事半功倍。

本书第14课为案例实战，需要读者配合视频动手操作，一定要多做几遍。

本书第15课至第17课为HTML5和CSS3的相关知识，以及响应式布局的原理与实现，属于进阶课程，读者熟悉即可。

最后再强调一个观点，看懂并不等于学会，一定要动手去做！只有边学边操作，才能发现问题、解决问题，真正掌握和消化知识点。

第 **2** 课

Dreamweaver 2020的基础操作

随着Dreamweaver版本的不断升级，软件的界面布局更加合理、更加人性化。

启动Dreamweaver 2020后，首先映入眼帘的是全新的主页界面，本课主要讲解软件开始界面、站点、界面布局设置和浏览器设置等基础知识。

本课知识要点

◆ 开始界面

◆ 站点

◆ 界面布局设置

◆ 浏览器设置

第1节 开始界面

当Dreamweaver 2020安装完成并打开后，首先看到的是软件开始界面。在界面的左侧有5个主要选项，分别是"主页""快速开始""起始模板""新建""打开"，如图2-1所示。

图2-1

默认情况下，开始界面会停留在"主页"选项并显示"最近使用项"。"最近使用项"中展示的是最近使用或操作过的文件列表，单击文件名可以打开文件，如图2-2所示。

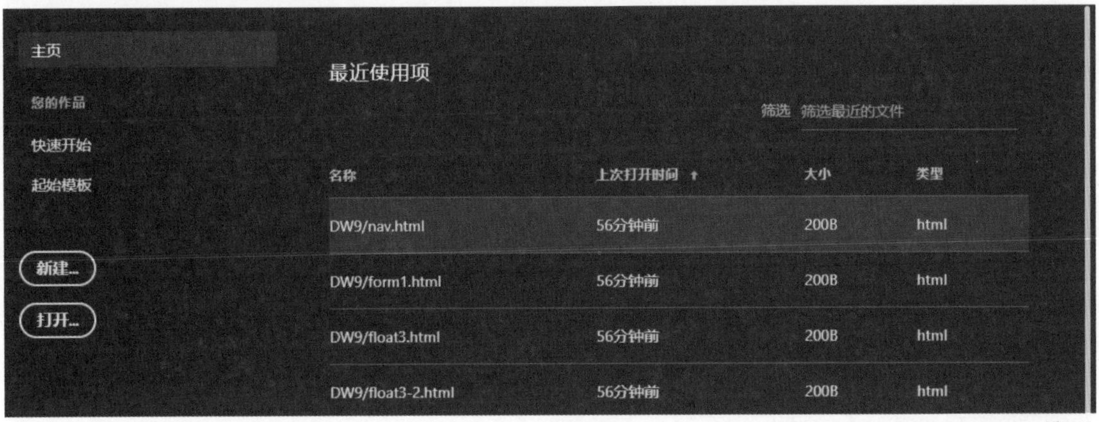

图2-2

单击"快速开始"选项，界面中将出现HTML文档、CSS文档等，单击对应图标可以创建不同类型的代码文档，如图2-3所示。

单击"起始模板"选项，界面中会出现软件预先定义的模板，这里有多种不同类型的模板可供选择，如图2-4所示。

单击"新建"按钮，打开"新建文档"对话框，里面有多种文档类型，如HTML和CSS等，根据需要选择对应类型，如图2-5所示。

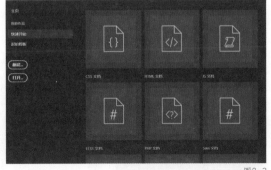

图2-3

图2-4

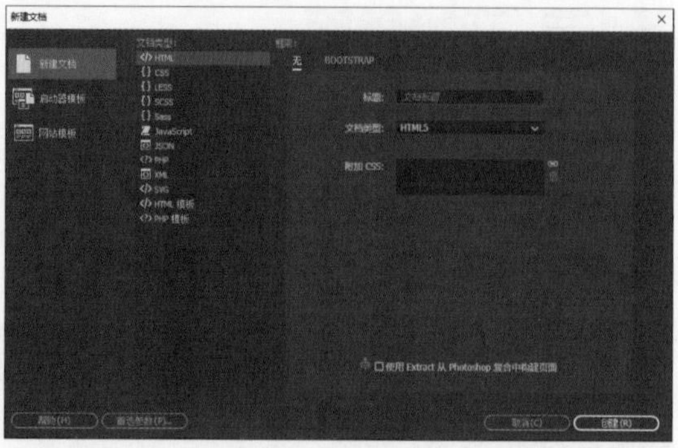

图2-5

单击"打开"按钮，打开"打开"对话框，在对话框中选择要打开的文件即可，如图2-6所示。

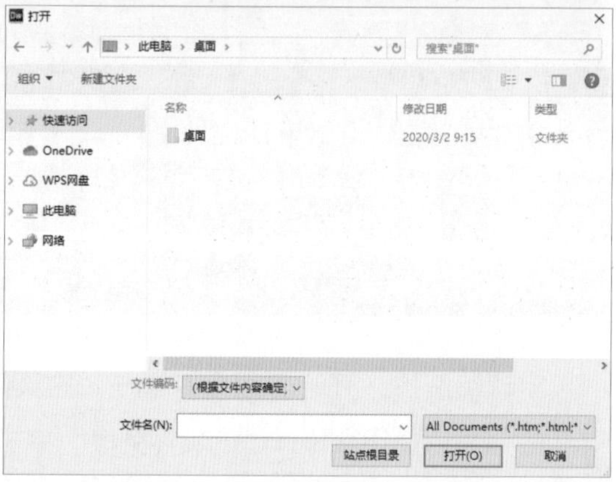

图2-6

第2节 站点

一个完整的网站，需要创建站点来对网页文件、资源进行管理。

知识点 1 什么是站点

站点包含网站的所有文件和资源，它是一种管理网站中所有与之相关的文件的工具，用户可以通过建立站点来对与网页相关的页面以及网站需要的素材进行统一的管理。简单来说，站点就是一个文件夹，这个文件夹里包含了网站所需要的所有文件，用户通过它来对网站进行管理，方便用户浏览、查找文件。这样管理素材一目了然，大大减少了工作量，进一步提高了用户的工作效率。

知识点 2 创建站点

创建一个新的站点需要以下步骤。

（1）执行"站点-新建站点"命令，如图2-7所示，在弹出的"站点设置对象"对话框中，可以设置"站点名称"，单击"文件夹"按钮，如图2-8所示，会打开"选择根文件夹"对话框。

（2）在"选择根文件夹"对话框中，选择存放文件夹的磁盘，单击"新建文件夹"按钮并命名，如图2-9所示。

图2-7

图2-8

图2-9

（3）在"站点设置对象"对话框中，单击右下角的"保存"按钮即可保存站点，如图2-10所示。

在软件的"文件"面板中可以看到新建的站点。至此，站点创建完毕，如图2-11所示。

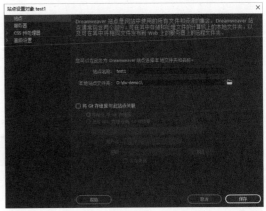

图2-11

图2-10

知识点3 创建文档

创建好站点后，接下来就需要创建文档，常用方法有以下两种。

方法1

单击开始界面的"新建"按钮，或者执行"文件-新建"命令（快捷键Ctrl+N），在弹出的"新建文档"对话框中选择文档类型，在本书中会用到HTML和CSS两种文档类型，默认为HTML5类型，单击"创建"按钮，如图2-12所示。

执行上述操作后，HTML类型的文档就创建完毕，如图2-13所示。

图2-12

图2-13

HTML类型的文档创建好后，默认命名是以untitled为前缀的无标题文档，非常不便于后期识别，因此需要对文档进行命名保存。

执行"文件-保存"命令（快捷键Ctrl+S），进行保存并命名，一般情况下将网站首页命名为index，单击"保存"按钮即可，如图2-14所示。

HTML文档保存好后，会自动出现在"文件"面板的"本地文件"列表中，如图2-15所示。

图2-14

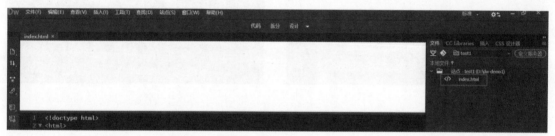

图2-15

如果需要删除文档，在"文件"面板中单击HTML文档前的按钮 </> ，再按Delete键即可，或右击并在弹出的快捷菜单中执行"编辑-删除"命令即可。

方法2

选中新建的站点并右击，在弹出的快捷菜单中执行"新建文件"命令，如图2-16所示。

图2-16

默认会生成untitled.html文件，将文件重命名为index.html。如果要创建CSS类型的文档，直接将文件后缀名.html改为.css即可，例如style.css，如图2-17所示。

观察图2-17，可以看出在站点中创建了两个不同类型的文档。

图2-17

知识点4 创建文件夹

一个完整网站的站点中会有很多的文件，同类型的文件可以创建文件夹，将它们放在一起，便于进行归纳。

选中"站点"层并右击，在弹出的快捷菜单中执行"新建文件夹"命令，如图2-18所示。

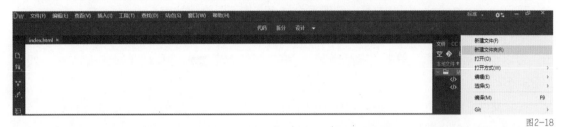

图2-18

单击文件夹名称，可以给新建文件夹重命名。将放CSS类型文档的文件夹命名为css，放图片素材的文件夹命名为images，如图2-19所示。

图2-19

创建了images文件夹后，需要将其设置为默认图像文件夹，操作如下。

执行"站点-管理站点"命令，打开"管理站点"对话框，单击"编辑当前选定的站点"按钮进行编辑，如图2-20所示。

在"站点设置对象"对话框中，找到侧边菜单中"高级设置"菜单组，选择"本地信息"选项，单击"浏览文件夹"按钮，如图2-21所示。

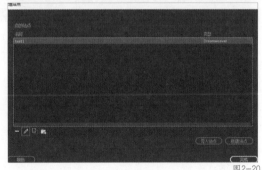

图2-20

在弹出的"选择图像文件夹"对话框中，选择images文件夹，如图2-22所示。

图2-21

图2-22

在"站点设置对象"对话框中，单击右下角的"保存"按钮，在"管理站点"对话框中单击"完成"按钮，就设置成功了。

知识点 5 管理站点

在Dreamweaver 2020中可以创建多个站点，也可以删除站点。

执行"站点－管理站点"命令，在弹出的"管理站点"对话框中单击"新建站点"按钮，可以添加新的站点；单击"删除当前选定的站点"按钮▬，可以删除选中的站点，如图2-23所示。

在"文件"面板中，新的站点名称都显示在"站点列表"下拉列表中，选择不同的文档名称，可以在多个站点间互相切换，如图2-24所示。

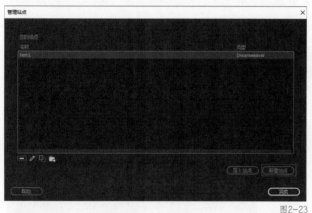

图2-23

图2-24

知识点 6 站点操作

在进行站点操作时，需要注意以下几点。

▌导入图片。在站点中将images文件夹建好后，需要将图片素材关联进来。

方法1

在本地磁盘中，将图片素材拖曳到Dreamweaver软件的站点中的images文件夹中。

方法2

在本地磁盘中，找到站点中images文件夹的保存地址，将图片拖曳进去，如图2-25所示。

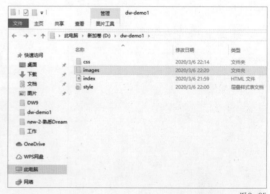

图2-25

再返回到软件操作界面，单击"文件"面板左下角的"刷新"按钮，图片就关联到站点的images文件夹中了，如图2-26所示。

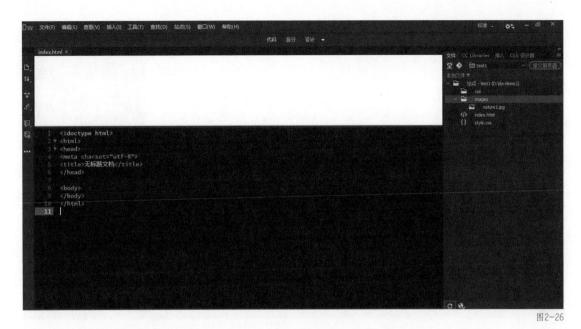

图2-26

▎从本地文件夹创建站点。如果已经在本地磁盘创建好了整套网站的文件夹，或者从网上下载了整套网站，这时又该如何设置站点？此时可以执行"站点-新建站点"命令，设置站点名称，找到本地站点文件夹所在位置，单击"保存"按钮即可。

　　例如在本地磁盘的D盘有整套网站文件夹study，如图2-27所示。

图2-27

　　想要在Dreamweaver 2020中建立站点，可以执行"站点-新建站点"命令，再在"站点设置对象"对话框中指定好文件位置，如图2-28所示。

第3节 界面布局设置

　　新建HTML文档后，出现Dreamweaver 2020的标准界面，由菜单栏、常用工具栏、视图区和面板区组成，如图2-29所示。

图2-28

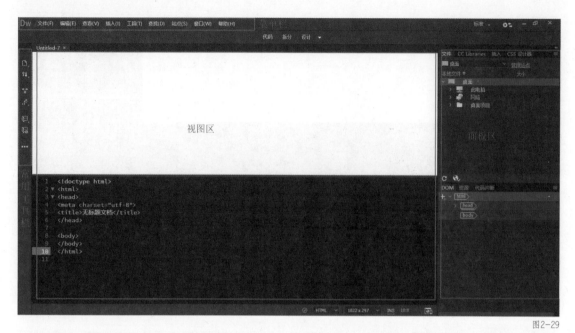

图2-29

在使用Dreamweaver 2020的过程中，一些误操作会导致界面布局混乱。此时可以执行
"窗口－工作区布局－重置'标准'"命令进行恢复，如图2-30所示。

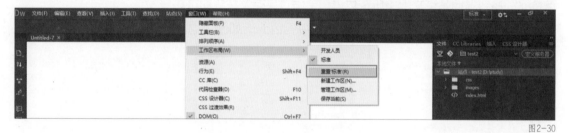

图2-30

在Dreamweaver 2020中也提供了很多个性化的设置。

知识点1　界面主题设置

在Dreamweaver 2020中，界面默认是深色主题，用户也可以根据个人喜好设置自己喜欢的界面主题，步骤如下。

（1）执行"编辑－首选项"命令，会弹出"首选项"对话框。

（2）在"首选项"对话框中，选择"界面"选项，在右侧信息中选择相对应的应用程序主题，单击"应用"按钮即可生效，如图2-31所示。

知识点2　常用工具栏设置

常用工具栏也称"通用工具栏"，位于界面的左侧，它提供了处理代码和HTML各种元素的命令。这个工具栏在代码视图中默认显示6个工具，用户可以单击"自定义工具栏图标"按钮■■添加和删除工具，如图2-32所示。

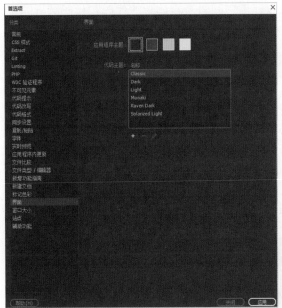

图2-31

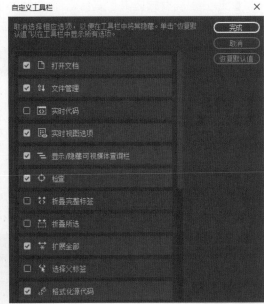

图2-32

用户如果误操作导致常用工具栏不显示，可以执行"窗口-工具栏-通用"命令来设置是否显示，如图2-33所示。

图2-33

知识点3 视图设置

在Dreamweaver 2020界面中所占面积最大的区域是视图区，视图分为代码视图、拆分视图、设计视图、实时视图4种模式，单击相对应的视图模式按钮即可切换，如图2-34所示。

图2-34

如果用户误操作导致该工具栏不可见，可以执行"窗口-工具栏-文档"命令来设置恢复。

下面分别介绍4种视图模式。

▌ 代码视图模式将Dreamweaver 2020的工作区聚焦于HTML代码和各种代码编辑工具，如图2-35所示。

图2-35

▌ 拆分视图模式提供了复合工作空间，可以让用户同时查看编辑的代码和代码解析的设计效果，所见即所得，这也是Dreamweaver 2020的一大优势，如图2-36所示。

图2-36

建议初学者使用拆分视图模式来编辑代码。拆分视图中默认分为上下两块区域，上面为设计视图（即效果显示），下面为代码视图，用户也可以根据需要自行修改区域的位置。执行"查看-拆分"命令，然后根据需要执行相应的命令，其中"顶部的设计视图"命令可以互换设计视图和代码视图的位置，"垂直拆分"和"水平拆分"命令可以将两个视图的左右和上下方向进行互换，如图2-37所示。

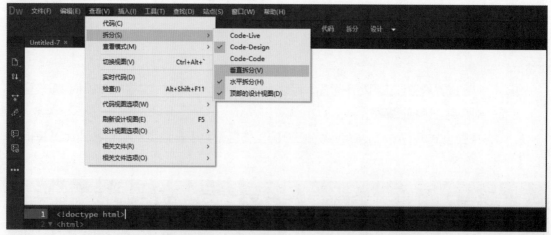

图2-37

▎设计视图模式是所见即所得的编辑器。在设计视图中可以快速创建和编辑内容，如图2-38所示。

图2-38

▎实时视图模式，其显示的效果类似于在浏览器中的显示效果，以可视化方式创建和编辑网页内容，支持大部分网页交互和动态效果的预览，如图2-39所示。

图2-39

第4节 浏览器设置

HTML文档编辑完成后，单击软件界面右下角的"预览"按钮，会显示可用的浏览器列表，选择一种浏览器就可以通过该浏览器查看网页效果，如图2-40所示。

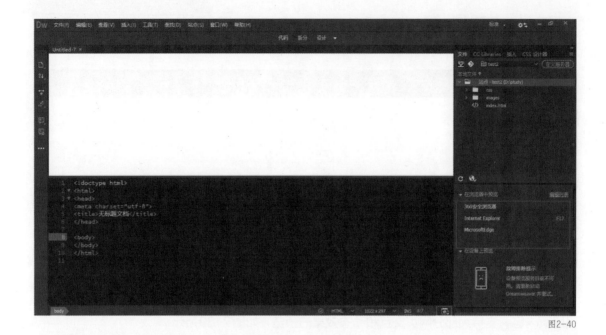

图2-40

知识点 1　在 Dreamweaver 2020 中管理浏览器

　　如果用户先安装Dreamweaver 2020，后安装浏览器，浏览器可能不会在列表中显示，这就需要用户手动添加浏览器，操作步骤如下。

　　（1）执行"编辑–首选项–实时预览"命令。

　　（2）在"实时预览"面板中单击"+"按钮，添加浏览器，如图2-41所示。

　　（3）在"添加浏览器"对话框中单击"浏览"按钮，根据软件提示找到对应的浏览器路径，即可添加浏览器。对于新手，可能不太好找到浏览器应用程序的位置，这时可以先回到桌面上，选中浏览器快捷方式并右击，在弹出的快捷菜单中执行"属性"命令，在浏览器属性对话框中单击"打开文件所在的位置"按钮，如图2-42、图2-43和图2-44所示。

图2-41

　　（4）复制路径地址，粘贴到"应用程序"文本框中，单击"打开"按钮，在"添加浏览器"对话框中单击"确定"按钮，在"实时预览"面板中单击"应用"按钮即可，如图2-45和图2-46所示。

图2-42

图2-43

图2-44

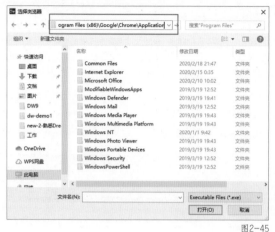

图2-45

图2-46

知识点 2 浏览器类型

目前主流的浏览器有谷歌（Chrome）浏览器、火狐（Firefox）浏览器、IE（Internet Explorer）浏览器、Safari浏览器、Opera浏览器和Edge浏览器，如图2-47所示。

▌谷歌浏览器的界面简洁、搜索速度快、兼容性好。

▌火狐浏览器支持非常多的网络标准，兼容性也很出色，对多数人来说，使用它的上网体验也很棒。

▌IE浏览器是微软公司开发的

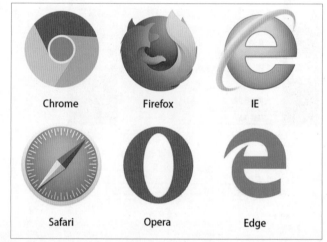

图2-47

一款浏览器，也是Windows操作系统自带的浏览器，此浏览器搜索速度快，但兼容性不好，容易被攻击。2019年4月9日，微软公司正式宣布弃用IE浏览器。

▌Safari浏览器是苹果公司开发的浏览器，其界面简洁、安全性好。

▌Opera浏览器的优势是界面简洁、体积小、功能强大。

▌Edge是Microsoft Edge的简称。微软公司在新推出的windows 10操作系统上，用Microsoft Edge浏览器取代IE浏览器。

第 **3** 课

了解HTML

在2012年伦敦奥运会开幕式上，一位西装革履的英国人在万千闪光灯下，在一台NeXT计算机上敲出了这样一行字——"THIS IS FOR EVERYONE"，现场随即爆发出了雷鸣般的掌声。在这举世瞩目的一刻，全世界的人都记住了他，他就是HTML的创始人、也是万维网的发明者——蒂姆·伯纳斯·李（Timothy John Berners-Lee）。今天人们能够用手机和计算机愉快地上网，都要归功于他。人们日常浏览的网页都是以HTML这门语言为基础的，可以毫不夸张地说，HTML的出现改变了人类的生活方式。

本课知识要点

◆ 什么是HTML

◆ 什么是标记

◆ HTML标记的分类和关系

◆ <head>网页头部标记

◆ <title>网页标题标记

◆ <meta>网页元信息标记

◆ <body>网页主体标记

◆ Dreamweaver 2020默认代码解读

第1节 什么是HTML

初学者第一次看到网页源代码时，可能会感到一头雾水，除了个别单词和阿拉伯数字之外，其他的根本就看不懂。HTML其实是英文单词"Hyper Text Markup Language"的缩写，中文意思为超文本标记语言。这个定义可以拆分成3个词语来理解——超文本、标记和语言。超文本区别于传统文本，就好比超人和普通人的关系，超人比普通人要厉害，如此类推，超文本比传统文本更强大。传统文本可以理解为文本文档里的普通的文字，超文本在此基础上可以加入超链接，插入图片、音频、视频等。标记指的是有含义的英文单词，一般意义上的标记指的是标注记号，HTML里的标记可以理解为用英文单词来做记号。语言是沟通的桥梁，人和人沟通需要讲双方都能听得懂的语言，如果需要浏览器理解你的意图，就需要写出浏览器能看得懂的语言。

HTML是一种标识性的语言，也是目前网络上应用最广泛的语言之一，目前最新的版本为HTML5，使用较为广泛的还有HTML4.0和XHTML1.0版本。

HTML发展至今，经历了不同的历史时期。1989年3月，蒂姆·伯纳斯·李向欧洲核子研究组织（European Organization for Nuclear Research，CERN）递交了一份建议书，建议采用超文本技术把CERN内部的各个实验室连接起来，系统建成后，超文本技术将可能扩展到全世界。这个激动人心的建议在CERN引起轩然大波，得到批准后，蒂姆·伯纳斯·李便率领助手开发试验系统。之后，为了方便世界各地科学家共享信息，蒂姆·伯纳斯·李构思了"计算机文件互相连接形成超文本"。1989年夏天，世界上第一个Web服务器和第一个Web客户机被成功开发，1989年12月，互联网被正式定名为World Wide Web，这也是输入网址的"WWW"的来源。1991年5月，WWW在Internet上首次露面，立即引起轰动，获得了极大的成功，并被广泛推广应用。

HTML先后有以下几个版本。

▌ HTML1.0：在1993年6月作为互联网工程工作小组工作草案被发布。

▌ HTML2.0：1995年11月被发布，2000年6月被宣布已经过时。

▌ HTML3.2：发布于1997年1月14日，是（万维网联盟（World Wide Wed Consortium，W3C）推荐标准。

▌ HTML4.0：发布于1997年12月18日，是W3C推荐标准。

▌ HTML4.01（小改进版本）：发布于1999年12月24日，是W3C推荐标准。

▌ HTML5.0：公认的下一代Web语言，极大地提升了Web多方面的能力，被喻为"改变移动互联网的重要推手"。

在HTML4.01向HTML5发展的过程中发生了一些插曲。HTML4.01发布后，W3C在其基础上进行了优化，又发展出了XHTML1.0语言，期间曾一度决定停止HTML的发展。后来经过W3C和各浏览器厂商的努力和改进，HTML语言又恢复了发展。到2012年，W3C推出了一个新的编辑团队，负责创建HTML5.0推荐标准，并为下一个HTML版本准备工作草案。

HTML5代码范例

```
<!doctype html>
<html>
<head>
<meta charset="UTF-8">
<title>HTML5 代码范例 </title>
</head>
<body>
</body>
</html>
```

第2节 什么是标记

HTML是一门标记性的语言，通过浏览器解析和编译，显示网页的最终效果。

标记也叫"标签""元素"，指的是语义化的英文单词，通过单词将网页中的内容标识出来。例如，head的本意为头部，在HTML中的含义为网页的头部，使用尖括号<>将单词包含起来，就组成标记<head>。

标记代码范例

```
<!DOCTYPE html PUBLIC "-//W3C//DTD XHTML 1.0 Transitional//EN" "http://www.
          /TR/xhtml1/DTD/xhtml1-transitional.dtd">
<html xmlns="http://www.          /1999/xhtml">
<head>
<meta http-equiv="Content-Type" content="text/html; charset=UTF-8" />
<title>XHTML 1.0 Transitional 代码范例 </title>
</head>

<body>
</body>
</html>
```

观察以上代码范例，可以发现<html>、<head>、<meta>、<title>、<body>等都是标记。在这么多的标记中有两个标记是特殊的，分别是<html>和<meta>。例如<html xmlns="http://www.   /1999/xHTML">，xmlns表示的是<html>标记的属性，http://www.   /1999/xHTML是其属性值，属性值需要用英文状态下的双引号括起来，属性和属性值间用等号连接。在标记里，如果要写属性，只需要在标记单词后面空一个空格，然后继续书写就可以了，如果写多个属性，也是用空格分隔开来。

在HTML中有些需要用到的标记的英文单词较长，为了书写方便会用缩写的方式来表达，例如<div>标记中div是英文division的缩写。在学习时，只要记住了这些单词，HTML标记的学习几乎就成功了一半。

HTML经过多年的发展和完善，从最初的HTML1.0版本里单一的文本显示功能，到现在HTML5里图片、视频、音频的互动功能，HTML已经成为非常成熟的标记语言。

第3节　HTML标记的分类和关系

HTML 标记是HTML 的基础，在书写时需要遵循W3C 规则，不同类型的标记写法也不一样，同时也需要了解它们之间的关系。

知识点 1　HTML 标记的分类

HTML 标记从外观上可分为两大类，分别是单标记和双标记。

单标记写法

< 标记 />

双标记写法

< 标记 ></ 标记 >

在HTML5中单标记后面的"/"可以省略不写，即可以写作<标记>。

单标记之所以被称为单标记，是因为单独使用就可以完整地描述意思，如<meta>。

双标记是由开始标记和结束标记组成的，它必须成对使用才能完整地描述意思，如<title></title>。双标记就像是一个容器，在开始标记和结束标记之间插入内容。

双标记代码范例

```
<!doctype html>
<html>
<head>
<meta charset="UTF-8">
<title>HTML5 代码范例 </title>
</head>
<body>
</body>
</html>
```

知识点 2　HTML 标记关系

在HTML 中，标记关系分为并列关系和包含关系（嵌套关系），也可以形象地理解为兄弟关系和父子关系。在以上双标记代码范例中，<head>标记里包含了<meta>和<title>标记，<head>标记与<meta>、<title>标记是包含关系，<head>标记相当于是它们的父亲，<meta>和<title>标记是并列存在的，为并列关系，可理解为兄弟关系。包含关系中的标签嵌套必须包容，不能交错嵌套。例如<head><title></head></title>就是不合法的。合法的嵌套应该是包含或者被包含的关系，如<head><title></title></head>。

了解了HTML 中标记的定义、分类和关系后，在书写代码时需要遵守如下规范。

▌ 所有标记都需要包含在"<"和">"起止标识符中，这样浏览器才能正确识别。

▌ 对于双标记，一定要写完整，不要丢失结束的标记。例如在<head></head>中，

</head>不能丢失。

▌ 标记的属性值应该包含在引号内。

▌ 标记的书写建议一律小写。

在书写HTML标记时，开始标记与结束标记中最好不要有空格，以防浏览器不能识别。例如< head></head> 是错误的，正确写法应为 <head></head>。

标记的属性包含属性名称和属性值两部分。如果有多个属性，需要通过空格来进行分隔，属性与属性值之间需要使用等号进行连接，如<HTML xmlns="http://www.▒▒▒▒/1999/xHTML">。

第4节 <head>网页头部标记

在一个完整、正确的HTML文档中，<head>标记的作用范围是整篇文档。<head>标记是双标记，以<head>为开始标记，以</head>为结束标记。

<head>标记中所包含的信息除了<title>标记的内容会在浏览器中显示外，其他的内容均不显示。

<head>标记代码范例

```
<head>
<meta charset="UTF-8">
<title> 无标题文档 </title>
</head>
```

第5节 <title>网页标题标记

网页中的<title>标记显示在浏览器的标题栏中，一个完整的HTML文档，有且只有一个标题，用来说明文档的属性。标题标记在<head>与</head>之间，以<title>开始，以</title>结束。

<title>标记代码范例

```
<title> 无标题文档 </title>
```

<title>标记代码范例对应的显示效果如图3-1所示。

图3-1

第6节 <meta>网页元信息标记

<meta>标记指的是网页的元信息，所谓元信息是指关于信息的信息，用来描述信息的结

构、语义、用途、用法等，也可理解为网页的附属信息，通过一些属性来定义页面中的基本信息，这些基本信息会被浏览器识别，但不会在网页里出现。

XHTML中\<meta\>标记代码范例

```
<meta http-equiv="Content-Type" content="text/html; charset=UTF-8" />
```

\<meta\>标记的语法说明如下。

http-equiv用于传送http通信协议，content用于设置网页的字符集类型，charset设置具体的类型。不同的国家和地区编码标准不一样。国际通用编码标准为UTF-8，它是目前常用的编码标准。国内编码标准为GB2312。设置了编码标准后，浏览器就能正确地识别网页，如果编码标准定义错误，会出现网页乱码情况。

在HTML5.0的\<meta\>标记里，设置比较精简。从代码范例中可以见到，\<meta\>里只定义了charset为"UTF-8"。

HTML5中\<meta\>标记代码范例

```
<meta charset="UTF-8">
```

第7节 \<body\>网页主体标记

body的本意为身体，在HTML中的含义为网页主体内容。\<body\>标记中写的内容会在预览窗口里或者浏览器里显示出来，例如输入代码\<body\>今天学代码很开心\</body\>，在预览窗口中可以看到文字"今天学代码很开心"。

在用代码还原设计稿时，设计稿里所有需要显示的信息都要放在\<body\>标记里。

\<body\> 标记代码范例

```
<body>
    今天学代码很开心
</body>
```

\<body\>标记代码范例对应的显示效果如图3-2所示。

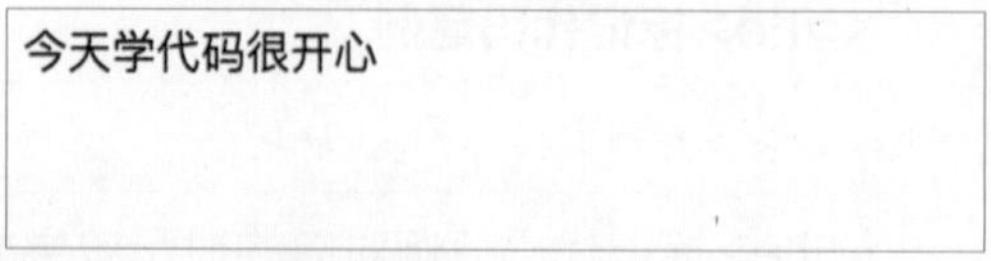

今天学代码很开心

图3-2

第8节 Dreamweaver 2020默认代码解读

在Dreamweaver 2020新建的文档里，会自带默认的代码，这些代码都是有含义的。自带默认的代码主要有XHTML 1.0 Transitional和HTML5两种文档类型。

XHTML1.0 Transitional文档类型代码范例

```
<!DOCTYPE html PUBLIC "-//W3C//DTD XHTML 1.0 Transitional//EN" "http://www.
w3.org/TR/xhtml1/DTD/xhtml1-transitional.dtd">
<html xmlns="http://www.w3.org/1999/xhtml">
<head>
<meta http-equiv="Content-Type" content="text/html; charset=UTF-8" />
<title> 无标题文档 </title>
</head>
<body>
</body>
</html>
```

XHTML1.0 Transitional文档类型代码的详细解读如下。

▌ <!DOCTYPE html PUBLIC "-//W3C//DTD XHTML 1.0 Transitional//EN" "http://www.w3.org/TR/xhtml1/DTD/xhtml1-transitional.dtd"> 。

DOCTYPE是document type的缩写，指文档类型。这句话的意思是：声明文档类型为HTML，公共标识符被定义为"-//W3C//DTD XHTML 1.0 Transitional//EN""http://www.w3.org/TR/xHTML1/DTD/xHTML1-transitional.dtd"。这句话虽然被<>包围，但它不是标记。

▌ <html xmlns="http://www.w3.org/1999/xhtml"> 。

xmlns定义xml的命名空间，ns是name space的缩写，xmlns可以放置在文档内任何元素的开始标签中。该属性的值为"http://www.w3.org/1999/XHTML"，它定义了一个命名空间，浏览器会将该命名空间用于该属性所在元素内的所有内容。如果需要使用符合 XML 规范的 XHTML 文档，应该在文档中的<html>标记中至少使用一个 xmlns 属性，以指定整个文档所使用的主要命名空间。不过，即使 XHTML 文档没有使用此属性，也不会报错，因为"xmlns=http://www.w3.org/1999/xHTML"是一个固定值，即使没有书写，此值也会被添加到 <html> 标记中。

▌ <head>是HTML文档中的头部信息，包含<meta>、<title>等标记。<head>标记中所包含的信息除了<title>标记在浏览器标题栏显示外，其他的内容均不显示。

▌ <body>是HTML文档中主体信息。

HTML5文档类型代码范例

```
<!doctype html>
<html>
<head>
<meta charset="UTF-8">
<title> 无标题文档 </title>
</head>
<body>
</body>
</html>
```

HTML5文档类型代码解读如下。

HTML5的语法标准相对较宽松，也更加精简，从HTML5文档类型代码范例中可以看出，其只声明了文档类型为HTML，在meta标记里定义了编码标准为"UTF-8"。

本课练习题

1. 填空题

（1）<meta>标记在网页设置中非常重要，通过_____属性来设置编码，国际编码为_____。

（2）HTML标记从外观上可分为两大类，分别是_____和_____。

（3）在一个正确的HTML文档中，<title></title>包含在_____标记中。

2. 问答题

在Dreamweaver中新建HTML5类型的文档，会自带默认的代码，请将这些代码默写出来。

参考答案

1. 填空题

（1）charset；UTF-8。

（2）单标记；双标记。

（3）<head>。

2. 问答题

```
<!doctype html>
<html>
<head>
<meta charset="utf-8">
<title></title>
</head>
<body>
</body>
</html>
```

第 **4** 课

使用"插入"和"DOM"面板

创建好HTML文档后就可以创建和编辑HTML代码了。

在Dreamweaver 2020的"插入"面板中可以插入新的HTML
标记，在"DOM"面板中可以查看、编辑、插入HTML标记。

本课知识要点
◆ "插入"面板
◆ "DOM"面板

第1节 "插入"面板

在HTML文档中，可以通过"插入"面板添加网页中的任意元素。

打开Dreamweaver 2020的标准界面，可以在面板区找到"插入"面板，如果没有此面板，可以执行"窗口-插入"命令，调出"插入"面板。

在"插入"面板中，选择"HTML"选项，可显示所有标记名称。常用的标记有Div、Image、段落、标题、Table、Figure、无序列表、有序列表、列表项、Hyperlink等，如图4-1所示。

图4-1

接下来通过"插入"面板创建标记，所有创建的标记都需要放在\<body\>标记范围内。

知识点1 插入 \<div\> 标记

W3C标准并没有给出\<div\>标记的具体含义，\<div\>标记相当于一个容器，其可以放网页中需要的任意内容。

创建\<div\>标记的操作如下。

单击"插入"面板中的"div"按钮，打开"插入Div"对话框，默认选择"在插入点"选项，单击"确定"按钮，在代码视图中就成功插入了\<div\>标记，如图4-2和图4-3所示。

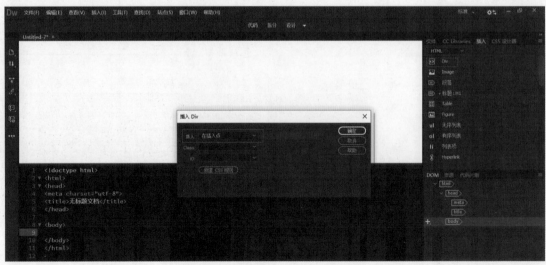

图4-2

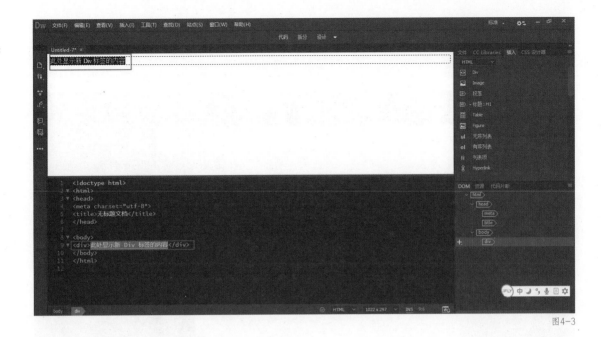

图4-3

知识点 2 插入 <img> 标记

在HTML文档中，image指图片。

创建<img>标记的方法有以下两种。

方法1

在站点层级的"images"文件夹中，先选中合适的图片，再将其拖曳到设计视图中，释放鼠标后，就可以在代码视图中看到创建的图片标记，如图4-4所示。

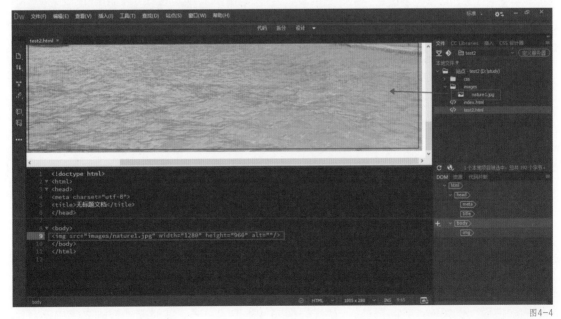

图4-4

📝 **方法2**

单击"插入"面板的"Image"按钮（快捷键Ctrl+Alt+I），打开"选择图像源文件"对话框，选择站点层级的images文件夹中的图片，单击"确定"按钮，如图4-5所示。

图4-5

图片插入成功后，在代码视图中会生成如下关于图片的代码。

```
<img src="images/nature1.jpg" width="1280" height="960" alt=""/>
```

执行"窗口-属性"命令，调出"属性"面板，在上述代码中的任何位置单击，相对应的属性就会在"属性"面板中显示，如图4-6所示。

图4-6

在images的"属性"面板中，重要属性如下所示。

▌ Src属性指定图片地址。如果想要更换图片地址，在不释放鼠标的情况下，单击"文件"按钮⊕，将其拖曳到站点images文件夹中的其他任意图片上（拖曳过程中会出现一条线段），释放鼠标就能快速更换图片，如图4-7所示。

▌ 宽高属性指定图片大小。

▌ "替换"属性指图片加载失败时的替换文本。在文本框中输入文字内容即可修改代码中alt的属性值，例如输入"向日葵"，在代码视图任意位置单击，此时文本框的文字内容替换了alt的属性值，如图4-8所示。

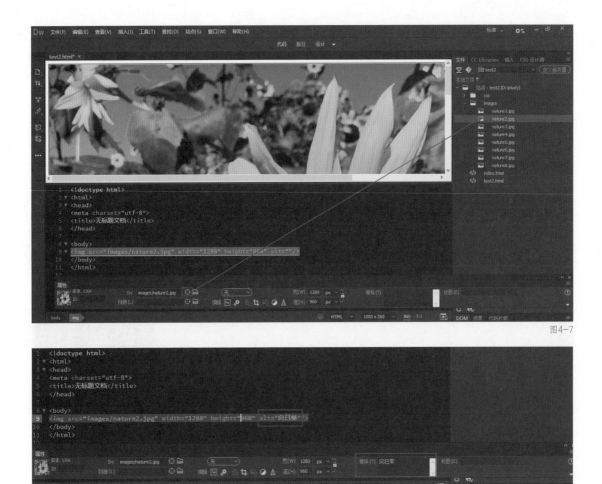

图4-7

图4-8

▎"标题"属性指代码中<img>标记的title属性和属性值。例如在标题输入框中输入"我是向日葵",在代码视图任意位置单击,标题属性就添加到代码中了,如图4-9所示。

图4-9

▎"编辑"指可以对图片进行编辑,提供了裁剪、调整亮度对比度、锐化等功能,如图4-10所示。

图4-10

知识点 3 插入段落标记

插入段落标记有以下两种方法。

📝 **方法1**

单击"插入"面板的"段落"按钮（快捷键Ctrl+Shift+P），在代码视图中生成段落标记。

📝 **方法2**

在设计视图模式下，在视图任意空白处按Enter键，即可自动生成段落标记。

在代码中可以删除<p>标记中间的文字内容，将其换成需要的文字，如图4-11所示。

图4-11

知识点 4 插入标题标记

标题标记只对文字起作用，标题标记共有6个，从大到小依次是<h1>、<h2>、<h3>、<h4>、<h5>和<h6>。插入标题标记的方法如下。

📝 **方法1**

单击"插入"面板的"标题"按钮，在下拉列表中选择想要的标题大小，<h1>最大，<h6>最小，如图4-12所示。

📝 **方法2**

在代码视图中可以按以下快捷键插入标题。

Ctrl+1指插入标题1（<h1></h1>）。

Ctrl+2指插入标题2（<h2></h2>）。

Ctrl+3指插入标题3（<h3></h3>）。

Ctrl+4指插入标题4（<h4></h4>）。

Ctrl+5指插入标题5（<h5></h5>）。

Ctrl+6指插入标题6（<h6></h6>）。

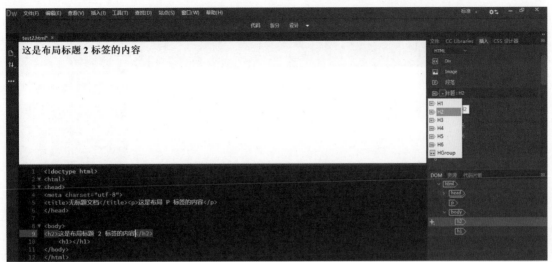

图4-12

知识点5 插入无序列表标记

无序列表即没有序列号的列表。无序列表的标记是<ul>，在使用时需要添加列表项<li>（也叫"子列表"），有几个列表项就添加几个<li>标记。

插入无序列表标记的方法如下。

方法1

单击"插入"面板中的"无序列表"按钮，在代码视图中即可生成<ul>标记，单击"列表项"按钮，即可在<ul>标记中间插入<li>标记，如图4-13所示。

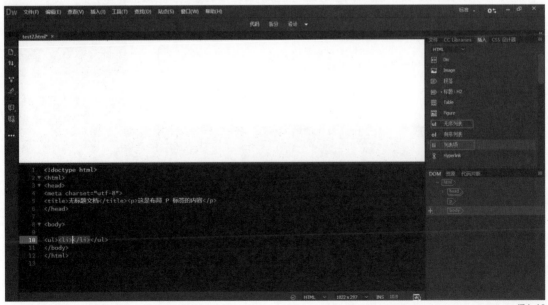

图4-13

方法2

先在代码视图中输入文字，调用"属性"面板，单击"无序列表"按钮，即可生成无序列表和列表项，如图4-14所示。

图4-14

📝 **方法3**

在代码视图中输入内容ul>li*数字，需要几个列表项，就输入对应的数字，然后按Tab键即可生成列表标记。例如，需要生成3个列表项，就在代码视图中输入ul>li*3，按Tab键生成列表标记，如图4-15所示。

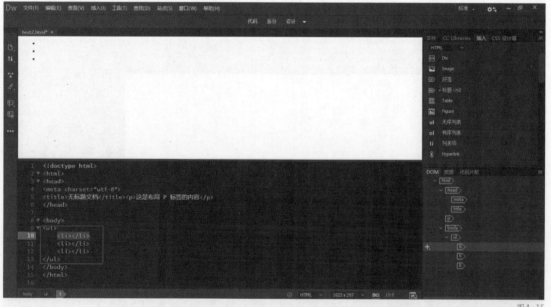

图4-15

知识点 6 插入有序列表标记

有序列表即有序列号的列表，有序列表的标记是 <ol>，在使用时需要添加列表项 <li>（也叫"子列表"），有几个列表项就添加几个 <li>，子列表按照1、2、3、4……顺序来显示。

插入有序列表标记的方法与插入无序列表标记的方法几乎一样，其方法如下。

方法1

单击"插入"面板中的"有序列表"按钮，在代码视图中即可生成 <ol> 标记，单击"列表项"按钮，在 <ol> 标记中间插入 <li> 标记。

方法2

先在代码视图中输入文字，调用"属性"面板，单击"有序列表"按钮（在"无序列表"按钮旁）即可生成有序列表和列表项。

方法3

在代码视图中输入内容 ol>li*数字，需要几个列表项，就输入对应的数字，然后按Tab键即可。

知识点 7 插入 Hyperlink 标记

Hyperlink指超链接，其作用是实现页面的跳转。

单击"插入"面板中的"Hyperlink"按钮，打开"Hyperlink"对话框，在文本框中输入文本内容，链接文本框中输入链接地址（链接地址可以是网址，也可以是网页文件，单击"文件夹"按钮█，可以选择相对应的网页文件作为链接对象）。

在目标下拉列表框中常用的有"_blank"（在新窗口中打开）和"_self"（在当前窗口打开）两个选项，如图4-16所示。

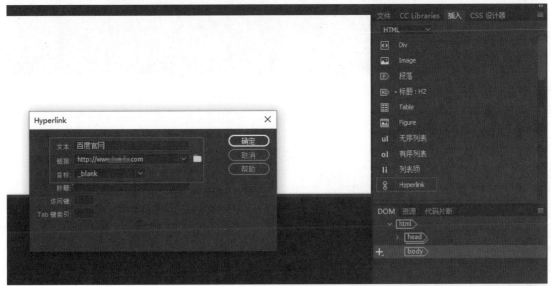

图4-16

上述选项设置好之后，在代码视图中将生成超链接代码，如图4-17所示。

```
1   <!doctype html>
2 ▼ <html>
3 ▼ <head>
4   <meta charset="utf-8">
5   <title>无标题文档</title>
6   </head>
7
8 ▼ <body>
9   <a href="http://www.     .com" target="_blank">百度官网</a>
10  </body>
11  </html>
12
```

图4-17

在"属性"面板中可以继续对超链接进行编辑。如果要修改链接地址，直接输入新的地址即可，如果想要链接网页文件，在不释放鼠标的情况下，单击"文件"按钮⊕，将其拖曳到站点中的HTML文件上（拖曳过程中会出现一条线段），释放鼠标，即可快速更换链接对象，如图4-18所示。

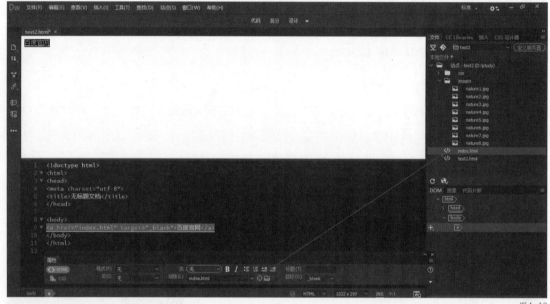

图4-18

知识点 8 拓展：图片热区

在Dreamweaver 2020中，如果想给整个图片添加链接，只需打开图片"属性"面板，在链接处输入网址或者指定一个链接文件，就可以自动生成图片超链接，如图4-19所示。

图4-19

如果一张图片中有多个位置想要添加超链接，则需要用到图片热区，方法如下。

单击图片"属性"面板右下方的箭头按钮，将图片属性全部展开，如图4-20所示。

图4-20

在"属性"面板的"地图"选项下方有4个热点工具，分别是指针热点工具、矩形热点工具、圆形热点工具和多边形热点工具，如图4-21所示。

图4-21

■ 指针热点工具可以移动热点区域位置、调整热点区域形状大小。

■ 矩形热点工具可以绘制矩形热点区域。

■ 圆形热点工具可以绘制圆形热点区域。

■ 多边形热点工具可以绘制不规则形状的热点区域。

在设计视图中使用热点工具绘制区域，在代码视图中即可生成对应代码，如图4-22所示。

图4-22

用指针热点工具选中任一热点区域，在"属性"面板中指定链接地址即可添加链接，如图4-23所示。

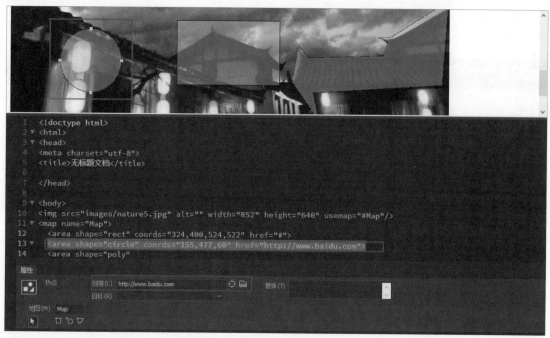

图4-23

知识点 9 拓展：导入 Word 内容

在一个完整的 Word 文档里，有标题文字、段落文字，甚至有的文字还会有一些文字样式等，这些具有含义的内容，可以保留到 Dreamweaver 2020 中来吗？答案是可以的，方法如下。

▌ 打开 Word 文档并复制其内容。

▌ 打开 Dreamweaver 2020 的设计视图模式，右击并在弹出的快捷菜单中执行"选择性粘贴"命令，在弹出的对话框中选择"带结构的文本以及全部样式（粗体、斜体、样式）"，单击"确定"按钮，如图4-24所示。这时代码视图将自动生成 Word 内容的代码，如图4-25所示。

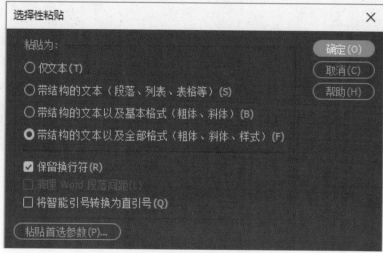

图4-24

图4-25

第2节 "DOM"面板

DOM指文档对象模型,在文档对象里所有的元素都会呈现出层次结构,用户通过"DOM"面板可以快速查看、编辑网页结构,该面板大大简化了对复杂的HTML结构的处理流程。

"DOM"面板处在面板区的下方,如图4-26所示。

图4-26

知识点 1 查看网页结构

在"DOM"面板中单击标记前的按钮<span></span>，能让折叠的标记结构展开，使子级结构展现出来。在默认的"DOM"面板中，可以清晰地看出HTML标记之间的嵌套关系和并列关系，如图4-27和图4-28所示。

如果需要折叠网页结构，单击按钮<span></span>即可。

图4-27

知识点 2 编辑网页结构

在"DOM"面板中可以对网页结构进行插入、删除、移动等操作。

▌ 插入新的标记。在现有的标记上右击，弹出快捷菜单，执行相应的命令即可插入新的标记，如图4-29所示。例如想要在<body>标记中插入新的<div>标记，只要在<body>标记上右击，执行"插入子元素"命令，在弹出的输入框中输入"div"并按Enter键，即可生成新的<div>标记，如图4-30和图4-31所示。

▌ 删除标记。在"DOM"面板中选中要删除的标记元素，按Delete键即可删除标记。

▌ 移动标记的位置。在"DOM"面板中选中相对应的标记元素，按住鼠标左键将其拖曳到合适的位置即可移动标记的位置。

图4-28

图4-29

图4-30

图4-31

第 **5** 课

深入认识HTML标记

HTML标记是学习网页代码的基础，网页结构的搭建离不开HTML标记。熟练掌握了HTML标记，就能快速、准确地搭建出想要的网页结构。一个常规的网页里会包含文字、图片、视频、超链接等，这些内容都需要使用HTML标记来表示。

本课知识要点
- ◆ <div>标记
- ◆ 标题标记
- ◆ 段落标记
- ◆ 列表标记
- ◆ 图片标记
- ◆ 超链接标记
- ◆ <span>标记
- ◆ 其他标记

第1节 <div>标记

<div>标记中的div是英文单词division的缩写，意思是分区、部门。在W3C官网中并没有给出<div>标记具体的名称，在这里可以将<div>标记理解为区块、容器的意思。<div>标记是双标记，以开始标记<div>和结束标记</div>的形式成对出现。

<div>标记基本语法

```
<div></div>
```

<div>标记的代码范例

```
<!doctype html>
<html>
<head>
<meta charset="UTF-8">
<title> <div> 标记 </title>
</head>
<body>
    <div> 学习使我快乐。 </div>
</body>
</html>
```

> **注意** 代码中加粗部分为〈div〉标记区域，此区域可以放任意对应的内容（本书加粗代码部分只为强调该部分代码，实际书写该区域代码时，不需要加粗，正常书写即可）。上述代码中〈div〉标记里放了文字内容。

<div>标记是使用频率最高的标记之一，几乎每个网页结构里都会用到它。

<div>标记有以下3个特征。

❙ 在默认情况下，<div>标记的高度由内容的高度决定，如图5-1和图5-2所示。

❙ 在默认情况下，<div>标记的宽度和父级元素的宽度是一样的，如图5-3和图5-4所示。

```
 1    <!doctype html>
 2 ▼  <html>
 3 ▼  <head>
 4    <meta charset="utf-8">
 5    <title>无标题文档</title>
 6    </head>
 7
 8 ▼  <body>
 9        <div>学习使我快乐</div>
10    </body>
11    </html>
12
```

图5-1

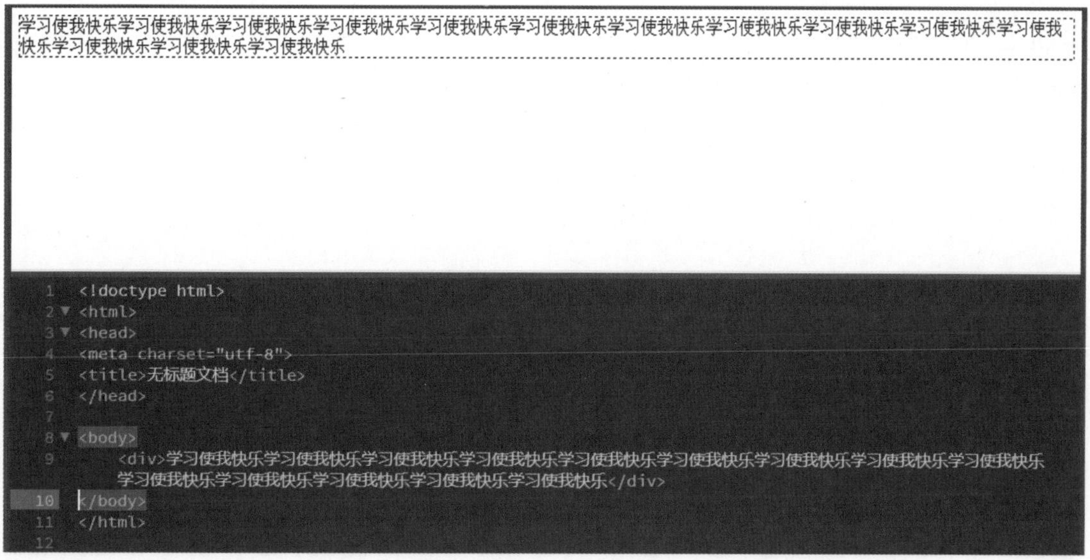

学习使我快乐

```
1  <!doctype html>
2 ▼ <html>
3 ▼ <head>
4  <meta charset="utf-8">
5  <title>无标题文档</title>
6  </head>
7
8 ▼ <body>
9      <div>学习使我快乐学习使我快乐学习使我快乐学习使我快乐学习使我快乐学习使我快乐学习使我快乐学习使我快乐学习使我快乐
       学习使我快乐学习使我快乐学习使我快乐学习使我快乐学习使我快乐</div>
10 </body>
11 </html>
12
```

图5-2

学习使我快乐

```
1  <!doctype html>
2 ▼ <html>
3 ▼ <head>
4  <meta charset="utf-8">
5  <title>无标题文档</title>
6  </head>
7
8 ▼ <body>
9      <div>学习使我快乐</div>
10 </body>
11 </html>
12 |
```

图5-3

观察图5-3和图5-4，可以看出当前 <div>标记的父级元素是<body>标记，也就是整个窗口。<div>标记默认的宽度会随着窗口宽度大小的改变而改变，即默认情况下<div>标记和父级宽度是一样的。

▌ 一组<div>标记独占一行，如图5-5 所示。

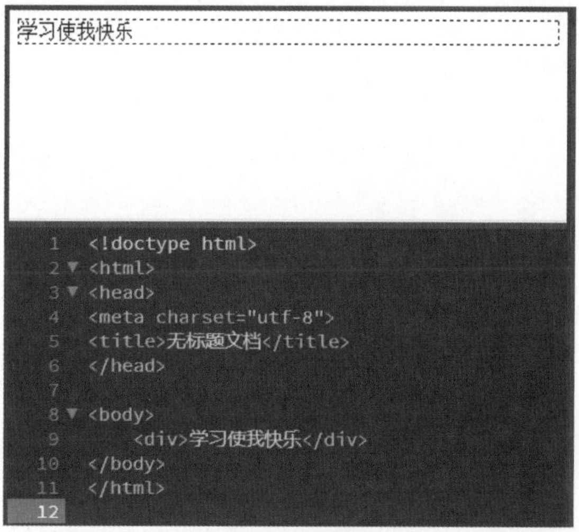

学习使我快乐

```
1  <!doctype html>
2 ▼ <html>
3 ▼ <head>
4  <meta charset="utf-8">
5  <title>无标题文档</title>
6  </head>
7
8 ▼ <body>
9      <div>学习使我快乐</div>
10 </body>
11 </html>
12
```

图5-4

```
1    <!doctype html>
2 ▼  <html>
3 ▼  <head>
4    <meta charset="utf-8">
5    <title>无标题文档</title>
6    </head>
7
8 ▼  <body>
9        <div>学习使我快乐</div>
10       <div>学习使我快乐</div>
11   </body>
12   </html>
13
```

图5-5

第2节　标题标记

在常规的网页里都会有文字，特别是门户网站和新闻类型的网站，不同位置的文字表示的含义不一样，如标题文字、段落文字、列表文字等。

在英文里，标题的单词是headline，在HTML中简写为h。因为标题有大小级别的区分，如一级标题、二级标题、三级标题等，所以在书写代码的时候，为了表示标题的大小级别，会在h后面加上阿拉伯数字1、2、3等。在HTML中，标题大小总共分为6级。

标题标记也是双标记。

标题标记代码范例

```
<!doctype html>
<html>
<head>
<meta charset="UTF-8">
<title> 标题标记 h1-h6</title>
</head>
<body>
    <h1> 标题内容 </h1>
    <h2> 标题内容 </h2>
    <h3> 标题内容 </h3>
    <h4> 标题内容 </h4>
    <h5> 标题内容 </h5>
    <h6> 标题内容 </h6>
</body>
</html>
```

注意 代码中加粗部分为标题标记，〈h1〉标题标记的级别最高，默认使用最大字号表示。以此类推，〈h6〉标题标记的级别最低，默认使用最小字号表示。使用浏览器浏览以上代码的效果如图5-6所示。

观察图5-6，不难发现标题标记有如下特征。

▌ 标题标记的文字默认从大到小显示，并且自带加粗效果。

▌ 标题标记独占一行，默认宽度和父级元素一样，默认高度由内容高度决定。其具备<div>标记的相关特征，标题标记可以理解为特殊的<div>标记，特殊之处在于标题标记里的内容只代表文字标题。

▌ 标题和标题之间有缝隙，这个缝隙称为"外间距"，即标题自带外间距，如图5-7所示。

图5-6

图5-7

注意 图中标题底色是为了观察得更明显设置的，不属于标题标记的内容，在第9课第1节会讲解如何为区块设置颜色。

第3节 段落标记

在网页中，有时需要大段文字才能有条理地描述清楚页面的主题内容，这样的大段内容就是段落文字。在英文里，段落的英文单词是paragraph，其在HTML文档中简写为p，段落标记没有大小级别之分，也是双标记。

段落标记基本语法

```
<p></p>
```

段落标记代码范例

```
<!doctype html>
<html>
<head>
<meta charset="UTF-8">
<title>段落标记<p></title>
</head>
<body>
    <p>我是段落标记。</p>
    <p>网页页面中有时需要大段文字才能有条理地描述清楚页面的主题内容，这就是段落文字。</p>
</body>
</html>
```

注意 代码中加粗部分为段落标记。使用浏览器浏览以上代码的效果如图5-8所示。

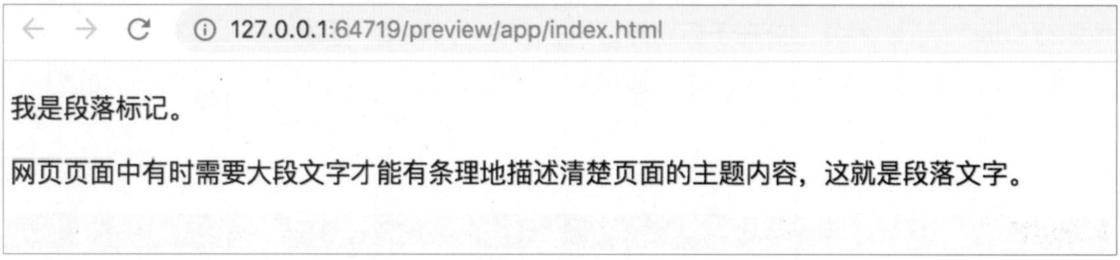
127.0.0.1:64719/preview/app/index.html
我是段落标记。
网页页面中有时需要大段文字才能有条理地描述清楚页面的主题内容，这就是段落文字。

图5-8

观察图5-10，可以得出段落标记有以下特征。

- 段落标记独占一行，默认宽度和父级元素一样，默认高度由内容高度决定。
- 段落标记自带外间距，如图5-9所示。

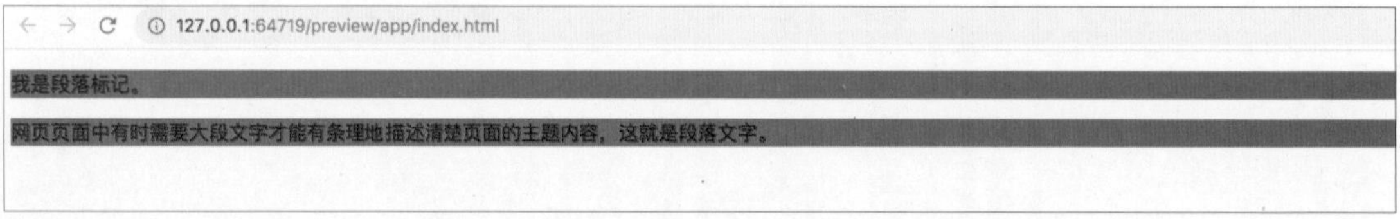
127.0.0.1:64719/preview/app/index.html
我是段落标记。
网页页面中有时需要大段文字才能有条理地描述清楚页面的主题内容，这就是段落文字。

图5-9

注意 图中文字底色是为了观察得更明显设置的，不属于段落标记的内容。

第4节 列表标记

列表文字在新闻类网站和企业类网站展示新闻信息的区域比较常见，如图5-10所示。

这种文字既不是标题，也不是段落，而是像列表一样一行一行进行排列，这就是列表文字的特点。

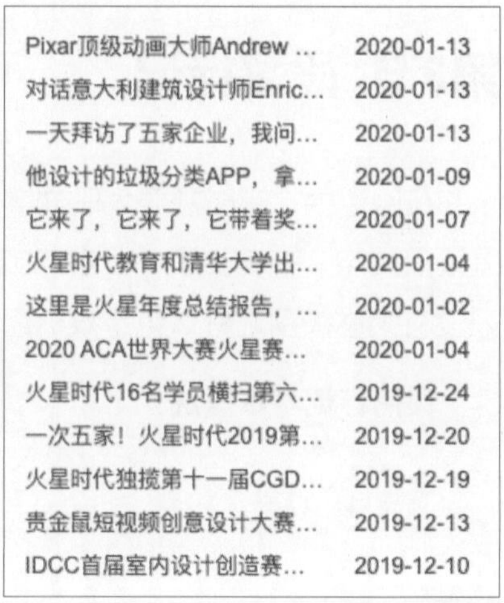
Pixar顶级动画大师Andrew ... 2020-01-13
对话意大利建筑设计师Enric... 2020-01-13
一天拜访了五家企业，我问... 2020-01-13
他设计的垃圾分类APP，拿... 2020-01-09
它来了，它来了，它带着奖... 2020-01-07
火星时代教育和清华大学出... 2020-01-04
这里是火星年度总结报告，... 2020-01-02
2020 ACA世界大赛火星赛... 2020-01-04
火星时代16名学员横扫第六... 2019-12-24
一次五家！火星时代2019第... 2019-12-20
火星时代独揽第十一届CGD... 2019-12-19
贵金鼠短视频创意设计大赛... 2019-12-13
IDCC首届室内设计创造赛... 2019-12-10

图5-10

HTML文档中列表标记常用的有2种，分别是无序列表标记和有序列表标记。

知识点 1 无序列表标记

无序列表，顾名思义就是没有序列号的列表。无序列表在英文里用unordered list来表示，简写为ul，是以开始标记<ul>和结束标记</ul>来表示的。无序列表标记比较特殊，完整的写法需要带上子列表<li>标记，li是英文list item的缩写，<li>标记也是双标记。

无序列表标记基本语法

```
<ul>
    <li></li>
    <li></li>
</ul>
```

无序列表标记代码范例

```
<!doctype html>
<html>
<head>
<meta charset="UTF-8">
<title>HTML 标记 - 无序列表 </title>
</head>
<body>
    <ul>
     <li> 我是列表项 </li>
     <li> 我是列表项 </li>
     <li> 我是列表项 </li>
     <li> 我是列表项 </li>
     <li> 我是列表项 </li>
    </ul>
</body>
</html>
```

注意 代码中加粗部分为无序列表标记。使用浏览器浏览以上代码的效果如图5-11所示。

<ul>标记自带以下特征。

▌ <ul>标记独占一行，默认宽度和父级元素一样，默认高度由内容高度决定。

▌ <ul>标记中的<li>标记自带小黑点，如图5-12所示。

图5-11

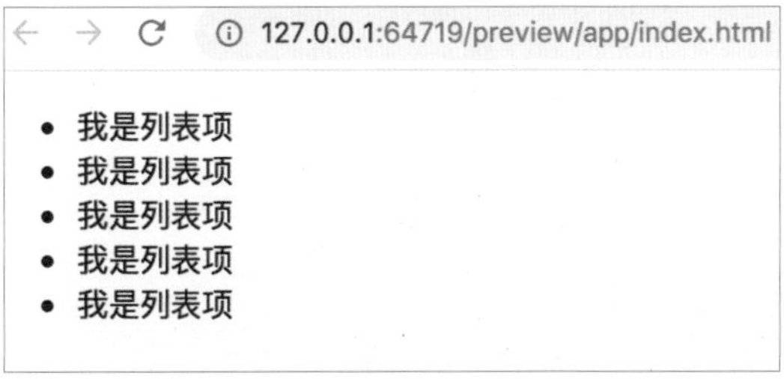

图5-12

▌ <ul>标记自带外间距，如图5-13所示。

在图5-13中有两个<ul>标记，在效果图中可以看到两个<ul>标记之间存在留白，这个留白位于在<ul>标记的外面，所以被称为"外间距"。

▌ <ul>标记自带内填充，如图5-14所示。

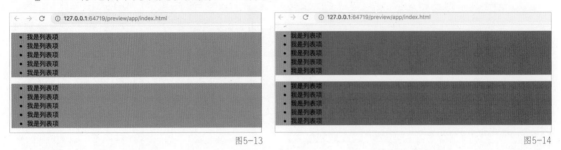

图5-13　　　　　　　　　　　　　　　　　　　　图5-14

在图5-14中可以看到<ul>标记的颜色为灰色，<li>标记的颜色为红色，<li>标记与父级标记<ul>之间有一定的留白，这个留白叫"内间距"，也叫"内填充"。

知识点 2 有序列表标记

有序列表，顾名思义就是有序列号的列表，它和无序列表相似，唯一的区别是有序列表的每一列表项前面会按数字进行标号。在英文里，有序列表用ordered list来表示，简写为ol。

有序列表标记是以开始标记<ol>和结束标记</ol>来表示的，自带子级<li>标记，<li>标记也是双标记，<li>标记指的是列表项。

有序列表标记基本语法

```
<ol>
    <li></li>
    <li></li>
</ol>
```

有序列表标记代码范例

```
<!doctype html>
<html>
<head>
<meta charset="UTF-8">
<title>有序列表</title>
</head>
<body>
    <ol>
    <li>我是列表项</li>
    <li>我是列表项</li>
    <li>我是列表项</li>
    <li>我是列表项</li>
    </ol>
</body>
</html>
```

注意 代码中加粗部分为有序列表标记。使用浏览器浏览以上代码的效果如图5-15所示。

<ol>标记有以下特征。

▌ <ol>标记独占一行，默认宽度和父级元素一样，默认高度由内容高度决定。

▌ <ol>标记中<li>标记自带序列数字，如图5-16所示。

图5-15　　　　　　　　　　　　　　　　　　　　　　图5-16

▌ <ol>标记自带外间距，如图5-17所示。

在图5-17中有两个<ol>标记，可以看到两个<ol>标记之间存在留白，这个留白位于<ol>标记外面，所以被称为"外间距"。

▌ <ol>标记自带内填充，如图5-18所示。

图5-17　　　　　　　　　　　　　　　　　　　　　　图5-18

在图5-18中可以看到<ol>标记的颜色为灰色，<li>标记的颜色为红色，<li>标记与父级标记<ol>之间有一定的留白，这个留白叫"内间距"，也叫"内填充"。

第5节　图片标记

在网页页面中除了文字还有图片。图片可以使页面更加美观，其英文单词是image，在HTML标记中简写为img。<img>标记是单标记。

图片标记的基本语法

```
<img />
```

知识点 1　src 属性

在使用图片标记时，离不开src属性。src属性用来指定图片源文件所在的位置，src属性是<img>标记必需的属性之一。

src属性基本语法

```
<img src=" 图片地址 "/>
```

src 属性代码范例

```
<!doctype html>
<html>
<head>
<meta charset="UTF-8">
<title>HTML 标记 - 图片标记 <img></title>
</head>
<body>
    <img src="images/img.png">
</body>
</html>
```

图5-19

> **注意** 代码中加粗部分为图片标记。使用浏览器浏览以上代码的效果如图5-19所示。

知识点 2 alt 属性

alt 属性也是<img>标记必需的属性之一，其作用是设置当图片无法正常显示时的替代文字。

alt 属性基本语法

```
<img src=" 图片地址 " alt=" 这是替代文字 "/>
```

alt 属性代码范例

```
<!doctype html>
<html>
<head>
<meta charset="UTF-8">
<title>HTML 标记 - 图片标记 <img></title>
</head>
<body>
    <img src="images/img.png" alt=" 这是一张风景图片 ">
</body>
</html>
```

> **注意** 代码中加粗部分为图片标记。如果图片加载失败，将显示alt属性值的内容。使用浏览器浏览以上代码的效果如图5-20所示。

图5-20

使用alt属性时需要注意以下几点。

▌ alt 属性值的长度一般应小于100 个英文字符。

▌ 图片无法正常显示且不需要显示替代文字时，alt 属性代码为alt=" "。

▌ 搜索引擎可以通过alt 里的描述文字来抓取图片，因此alt 属性里的文字描述要准确。

知识点 3 title 属性

title 属性不是<img>标记的必需属性，title 属性的作用是设置图片加载完成后，鼠标指针悬停在图片上的提示文字。注意，若鼠标指针不停留在图片上，将不会显示提示文字。

title属性基本语法

```
<img src=" 图片地址 " alt=" 替代文字 " title=" 提示文字 "/>
```

title属性代码范例

```
<!doctype html>
<html>
<head>
<meta charset="UTF-8">
<title>HTML 标记 - 图片标记 <img></title>
</head>
<body>
    <img src="images/img.png" alt=" 风景图片 " title=" 这是一张风景图片 ">
</body>
</html>
```

> **注意** 代码中加粗部分为图片标记。如果图片加载失败，将显示alt属性值的内容。如果图片加载成功，鼠标指针悬停在图片上时，会出现title属性值的内容，如图5-21所示。

图5-21

第6节 超链接标记

用户在浏览新闻网站时，单击新闻文字可以打开新的相关页面，查看新闻详情。能够实现这样的操作是因为新闻文字上加了超链接地址。

超链接又称"超级链接"，指的是从一个网页指向另一个目标的链接关系。这个目标可以是一个网页，也可以是当前页面的不同位置、邮箱、文件等。一般情况下，超链接用于实现网站中各个独立的页面间互相跳转。

HTML文档中的任意文本和图片都可以设置超链接。

在HTML文档中，超链接标记是<a>标记，<a>标记中的a是英文单词anchor的简写。<a>标记是一个双标记，以开始标记<a>和结束标记</a>来组成一个完整的标记。

在使用超链接标记时，href属性是必须要写的属性，其作用是指定超链接的目标，可以理解为设置单击文字或图片后要跳转到的位置或地址。

超链接标记基本语法

```
<a href=" 链接目标 "> 文字或图片 </a>
```

知识点 1 跳转到网址

在书写href属性中的链接目标时，目标必须填写完整，否则会出现链接跳转不成功的情况。以百度为例，百度的完整网址http://www.baidu.com，如果代码书写为<a href="www.baidu.com">百度</a>将出现网址书写不完整的问题。

跳转到网页代码范例

```
<!doctype html>
<html>
<head>
<meta charset="UTF-8">
<title>HTML 标记 - 超级链接 <a></title>
</head>
<body>
    <a href="http://www.baidu.com">百度 </a>
</body>
</html>
```

注意 代码中加粗部分指的是单击"百度"文字时，网页将自动跳转到百度。使用浏览器浏览以上代码的效果如图5-22所示。

图5-22

知识点 2 # 的作用

当超链接的链接目标不是具体的网站地址，而是本网站的当前页面时，书写代码时可使用#来代替。

#的用法

```
<a href="#"> 内容 </a>
```

#指的是链接到当前页面并跳转到页面顶部。

超链接标记中#属性代码范例

```
<!doctype html>
<html>
<head>
<meta charset="UTF-8">
<title>HTML 标记 - 超级链接 <a></title>
</head>
<body>
    <a href="#"> 本页面的跳转 </a>
</body>
</html>
```

注意 代码中加粗部分指的是当单击"本页面的跳转"文字时，网页将自动跳转到当前页面顶部。使用浏览器浏览以上代码的效果如图5-23所示。

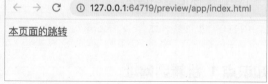

图5-23

观察以上几个例子可以发现，文字添加了超链接标记后会有以下变化。

▎ 文字添加了超链接标记后，文字的颜色将变为蓝色。

▎ 文字添加了超链接标记后，将出现下划线。

▎ 文字添加了超链接标记后，鼠标指针经过文字时，鼠标指针将变成手型。

第7节 <span>标记

span 在英文中有范围、跨度的意思，W3C对其没有给出具体含义。<span>标记是用来包含文字内容的，没有固定的格式，添加在文字上，文字将没有任何变化，只有对<span>标记设置CSS样式后，文字才会产生视觉上的变化。

<span>标记基本语法

```
<span> 文字内容 </span>
```

如果一段文字里需要给某几个文字单独指定颜色，可以使用<span>标记把需要设置不同颜色的文字包含起来，再给<span>标记赋予指定的样式。

<span>标记代码范例

```
<!doctype html>
<html>
<head>
<meta charset="UTF-8">
<title> <span> 标记 </title>
<style>
span{
        color:red;
    }
</style>
</head>
<body>
    <div> 欢迎来到 <span> 火星时代 </span></div>
</body>
</html>
```

注意 代码中加粗部分的作用是单独为"火星时代"文字赋予新的颜色。使用浏览器浏览以上代码的效果如图5-24所示。

图5-24

注意 图中字体颜色是为了理解〈span〉标记的作用而设置的，不属于本节的内容，在第9课第2节会讲解如何为字体设置颜色。

第8节 其他标记

前面章节讲解的标记都是常用标记，在HTML中有些标记使用频率不高，但是这些标记也可以为代码书写提供很多便利。

知识点 1
 换行符标记

文字换行，在 Word 里可以使用 Enter 键直接换行，但如果在代码视图中书写代码时这样操作，使用浏览器预览时并不会显示换行。想在浏览器中看到换行的效果，需要在要换行的文字后面输入
 标记。

br 是英文单词 break 的缩写。

没有使用
 换行符标记代码范例

```
<!doctype html>
<html>
<head>
<meta charset="UTF-8">
<title> 没有使用换行标记 </title>
</head>
<body>
<p>
火星时代教育成立于1993年，专注CG数字艺术设计教育，致力提供UI设计培训、影视特效培训、影视后期培训、室内设计培训、游戏原画培训、平面设计培训、VR视效、数字艺术学历等课程。秉承"帮助更多的人实现梦想"为使命的办学宗旨，先后在北京、上海、广州、深圳、杭州、重庆、济南、成都、厦门、南京、西安、武汉、郑州、济南开设校区，已成就数百万人的CG电脑动画梦想。
</p>
 </body>
 </html>
```

> **注意** 代码中加粗部分指的是〈p〉标记里的文字内容不会自动换行。使用浏览器浏览以上代码的效果如图5-25所示。

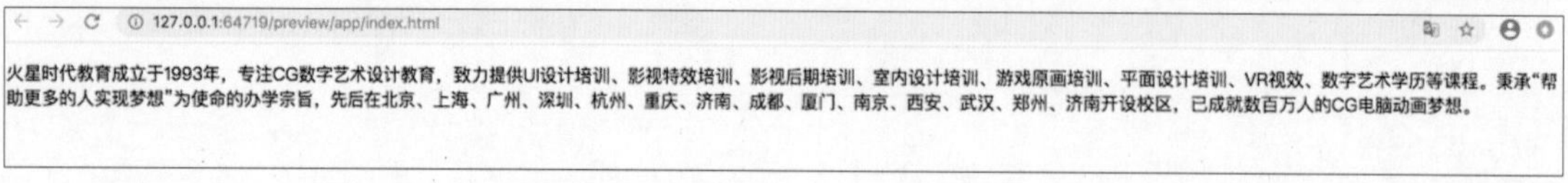

火星时代教育成立于1993年，专注CG数字艺术设计教育，致力提供UI设计培训、影视特效培训、影视后期培训、室内设计培训、游戏原画培训、平面设计培训、VR视效、数字艺术学历等课程。秉承"帮助更多的人实现梦想"为使命的办学宗旨，先后在北京、上海、广州、深圳、杭州、重庆、济南、成都、厦门、南京、西安、武汉、郑州、济南开设校区，已成就数百万人的CG电脑动画梦想。

图5-25

如果想要让"1993年，"后的文字另起一行显示，需要借助换行标记来达到需要的显示效果。

使用
 换行符标记代码范例

```
<!doctype html>
<html>
<head>
<meta charset="UTF-8">
<title> 换行标记 </title>
</head>
<body>
<p>
火星时代教育成立于1993年，<br/>专注CG数字艺术设计教育，致力提供UI设计培训、影视特效培训、
```

影视后期培训、室内设计培训、游戏原画培训、平面设计培训、VR视效、数字艺术学历等课程。秉承"帮助更多的人实现梦想"为使命的办学宗旨，先后在北京、上海、广州、深圳、杭州、重庆、济南、成都、厦门、南京、西安、武汉、郑州、济南开设校区，已成就数百万人的**CG电脑动画梦想**。
</p>
      \</body>
      \</html>

> **注意** 代码中加粗部分是换行符的应用。在HTML5版本中"/"可以省略不写。使用浏览器浏览以上代码的效果如图5-26所示。

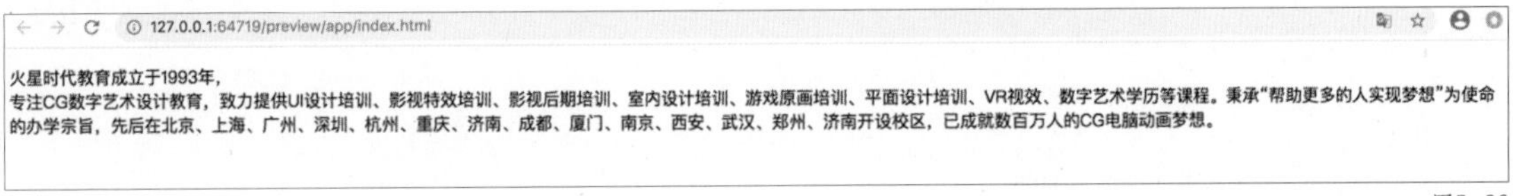

火星时代教育成立于1993年，
专注CG数字艺术设计教育，致力提供UI设计培训、影视特效培训、影视后期培训、室内设计培训、游戏原画培训、平面设计培训、VR视效、数字艺术学历等课程。秉承"帮助更多的人实现梦想"为使命的办学宗旨，先后在北京、上海、广州、深圳、杭州、重庆、济南、成都、厦门、南京、西安、武汉、郑州、济南开设校区，已成就数百万人的CG电脑动画梦想。

图5-26

知识点2 <hr/> 水平线标记

hr是英文 horizontal rule 的简写。hr是水平分割线，以一条线的方式表现。

<hr/> 水平线标记代码范例

```html
<!doctype html>
<html>
<head>
<meta charset="UTF-8">
<title> 水平线标记 </title>
</head>

<body>
<p>
火星时代教育成立于1993年，<hr/>专注CG数字艺术设计教育，致力提供UI设计培训、影视特效培训、影视后期培训、室内设计培训、游戏原画培训、平面设计培训、VR视效、数字艺术学历等课程。秉承"帮助更多的人实现梦想"为使命的办学宗旨，先后在北京、上海、广州、深圳、杭州、重庆、济南、成都、厦门、南京、西安、武汉、郑州、济南开设校区，已成就数百万人的CG电脑动画梦想。
</p>
    </body>
    </html>
```

> **注意** 代码中加粗部分是水平线的应用。在HTML5版本中"/"可以省略不写。使用浏览器浏览以上代码的效果如图5-27所示。

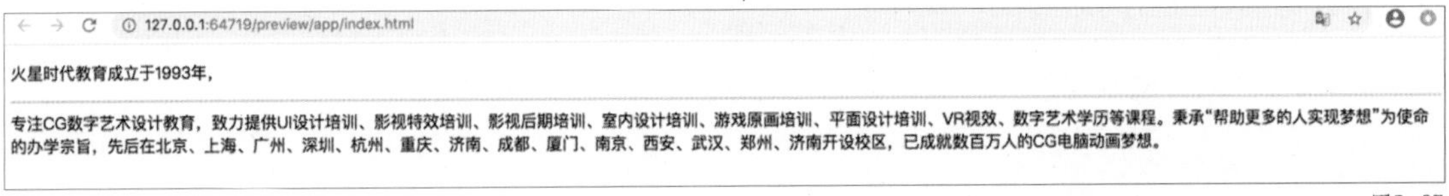

火星时代教育成立于1993年，

专注CG数字艺术设计教育，致力提供UI设计培训、影视特效培训、影视后期培训、室内设计培训、游戏原画培训、平面设计培训、VR视效、数字艺术学历等课程。秉承"帮助更多的人实现梦想"为使命的办学宗旨，先后在北京、上海、广州、深圳、杭州、重庆、济南、成都、厦门、南京、西安、武汉、郑州、济南开设校区，已成就数百万人的CG电脑动画梦想。

图5-27

知识点 3 特殊符号标记

网页中除了文字和图片，还需要一些特殊的符号标记，例如"空格"">""<"等。特殊的符号标记由前缀"&"、字符名称和后缀"；"组成。

在HTML文档中如果直接输入多个空格，使用浏览器预览只会显示一个空格，因此设置多个空格时需要用代码的方式来实现。在HTML中空格标记的写法为" "，需要几个空格就添加几个" "。

空格标记代码范例

```
<!doctype html>
<html>
<head>
<meta charset="UTF-8">
<title> 空格标记 </title>
</head>
<body>
    <p> 欢迎来到火星时代教育 </p>
<hr/>
<p>
     火星时代教育成立于 1993 年，专注 CG 数字艺术设计教育，致力提
供 UI 设计培训、影视特效培训、影视后期培训、室内设计培训、游戏原画培训、平面设计培训、VR 视
效、数字艺术学历等课程。秉承"帮助更多的人实现梦想"为使命的办学宗旨，先后在北京、上海、广州、
深圳、杭州、重庆、济南、成都、厦门、南京、西安、武汉、郑州、济南开设校区，已成就数百万人的
CG 电脑动画梦想。
</p>
    </body>
    </html>
```

注意 代码中加粗部分是空格标记的应用。使用浏览器浏览以上代码的效果如图5-28所示。

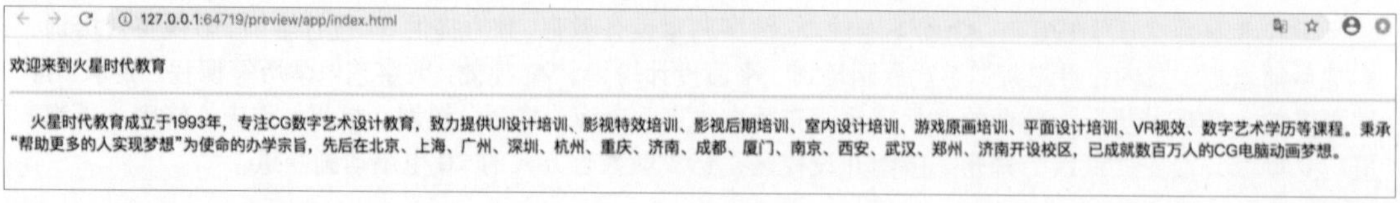

图5-28

在Dreamweaver 2020 中，按&键（快捷键Shift+7）后可以看到很多特殊符号标记的提示，可以从中选择自己想要的符号标记。其他特殊符号标记的用法和空格标记的用法一样。

常用的符号标记还有以下这些。

▌ 版权符号标记© 为©

▌ 注册商标符号标记® 为®

本课练习题

填空题

（1）<div>标记有3个特征，分别是_____、_____、_____。

（2）常用列表标记有2种，分别是_____ 和_____。

（3）超链接标记中，href属性的作用是_____。

（4）空格符号在HTML文档中通过_____来表示。

参考答案

（1）独占一行；默认情况下，宽度和父级元素的宽度保持一致；高度由内容撑开。

（2）无序列表标记；有序列表标记。

（3）指定超链接的目标。

（4） 。

表单使用

表单在网页中很常见，经常用于搜集用户输入的信息。
一般情况下多用于注册页、登录页和页面搜索区域。

本课知识要点

◆ <form>表单标记

◆ <input>标记

◆ <select>下拉列表标记

◆ <textarea>文本域标记

◆ <label>标记

第1节 <form> 表单标记

在Dreamweaver 2020中可以直接插入表单。单击"插入"面板中的"表单"下拉列表中的表单名称按钮就会生成相对应的表单，例如插入文本类型的表单就会生成相对应的表单和代码，如图 6-1 和图6-2所示。

图6-1

图6-2

在HTML文档中，所有的表单都需要写在表单标记里，否则表单填写的数据无法提交。表单标记包含文本输入框、密码输入框、单选项、复选框、提交按钮、下拉列表、文本域等。表单用 <form> 标记来表示，<form> 标记属于双标记，由开始标记 <form> 和结束标记 </form> 组成。

<form> 表单标记基本语法

```
<form> 表单内容 </form>
```

<form> 表单标记代码范例

```
<!doctype html>
<html>
<head>
<meta charset="UTF-8">
<title>form</title>
</head>
<body>
    <form>
        此区域为表单的内容区域。
    </form>
</body>
</html>
```

注意 代码中加粗部分为form表单区域。

第2节 <input>标记

input一词中文翻译为输入，在HTML文档中指输入框。

<input>标记的类型有很多种，例如文本输入框、密码输入框、单选项和复选框等。<input>标记通过type属性来指定不同的输入框类型。

<input>标记基本语法

```
<input type=" 类型 ">
```

知识点 1 text 文本输入框

text一词中文翻译为文本，<input>标记中type的属性值为text时，表示文本输入框，此类型输入框可以输入任意类型的文本内容。

text文本输入框基本语法

```
<input type="text">
```

text文本输入框代码范例

```
<!doctype html>
<html>
<head>
<meta charset="UTF-8">
<title>form- 文本输入框 </title>
</head>
<body>
    <form>
          <input type="text">
    </form>
</body>
</html>
```

注意 代码中加粗部分为form表单中的〈input〉标记，其type的属性值为text，即文本输入框。使用浏览器浏览以上代码的效果如图6-3所示。

图6-3

知识点 2 password 密码输入框

password一词中文翻译为密码，<input>标记中type的属性值为password时，表示密码输入框，此类型输入框可以输入任意内容。出于安全性和保密性，这些内容将会以小圆点的形式显示出来。

password密码输入框基本语法

```
<input type="password">
```

password密码输入框代码范例

```
<!doctype html>
<html>
<head>
<meta charset="UTF-8">
<title>form- 密码输入框 </title>
</head>
<body>
    <form>
        <input type="password">
    </form>
</body>
</html>
```

注意 代码中加粗部分为form表单中的〈input〉标记，其type的属性值为password，即密码输入框。在密码输入框中输入的内容永远是单行显示，不会自动换行。使用浏览器浏览以上代码的效果如图6-4所示。

图6-4

在HTML文档中，密码输入框在默认情况下不限制字符的长度，如果需要限制密码字符长度，可使用maxlength属性来实现。

maxlength一词中文翻译为最大长度。

maxlength属性代码范例

```
<!doctype html>
<html>
<head>
<meta charset="UTF-8">
<title>form- 密码输入框 </title>
</head>

<body>
    <form>
        <input type="password" maxlength="6" >
    </form>
</body>
</html>
```

注意 代码中加粗部分为密码输入框，使用maxlength属性可以限制输入的长度，属性值6代表最多可以输入6个字符的密码。使用浏览器浏览以上代码的效果如图6-5所示。

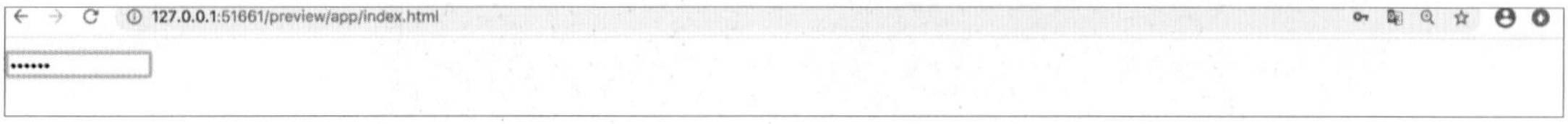

图6-5

知识点 3　button 按钮

<input> 标记中 type 的属性值为 button 时表示按钮，其类型为普通按钮。

button 按钮基本语法

```
<input type="button">
```

button 按钮代码范例

```
<!doctype html>
<html>
<head>
<meta charset="UTF-8">
<title>form- 按钮 </title>
</head>

<body>
    <form>
        <input type="button">
    </form>
</body>
</html>
```

> **注意**　代码中加粗部分为 form 表单中的〈input〉标记，其 type 的属性值为 button，即按钮。使用浏览器浏览以上代码的效果如图 6-6 所示。

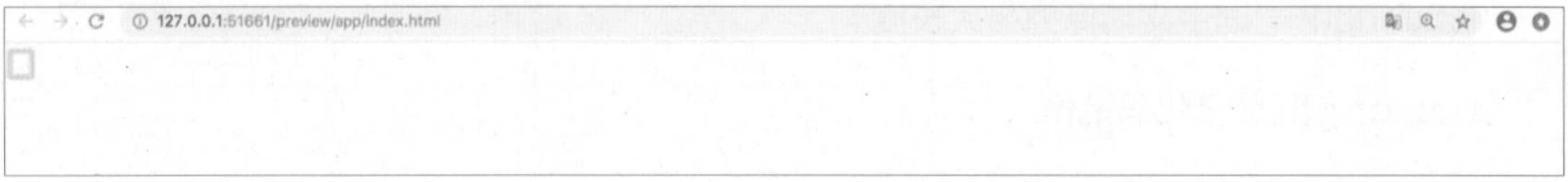

图6-6

观察图 6-6，可以看出 button 按钮具有单击的事件。value 属性可以设置按钮上显示的文字。value 一词的中文翻译为价值、用途等，在 form 表单中使用 value 属性设置表单的初始值，即默认值。

value 属性代码范例

```
<!doctype html>
<html>
<head>
<meta charset="UTF-8">
<title>form- 按钮 </title>
</head>

<body>
    <form>
        <input type="button" value=" 登录 ">
    </form>
</body>
</html>
```

注意 代码中加粗部分为form表单中的〈input〉标记，其type的属性值为button，即按钮，使用value属性可以设置初始值，其属性值为"登录"。使用浏览器浏览以上代码的效果如图6-7所示。

图6-7

知识点 4 submit 提交查询按钮

<input>标记中type的属性值为submit时表示提交查询按钮。

submit按钮在不同的浏览器中显示效果略有差异。

submit提交查询按钮基本语法

```
<input type="submit">
```

submit提交查询按钮代码范例

```
<!doctype html>
<html>
<head>
<meta charset="UTF-8">
<title>form- 按钮 </title>
</head>

<body>
    <form>
         <input type="submit" value=" 提交按钮 ">
    </form>
</body>
</html>
```

注意 代码中加粗部分为form表单中的〈input〉标记，其type的属性值为submit，即提交查询按钮，使用value属性设置了提交查询按钮的初始值。使用浏览器浏览以上代码的效果如图6-8所示。

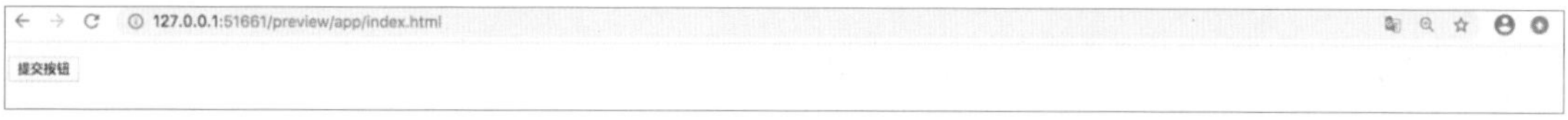

图6-8

知识点 5 file 文件上传按钮

file一词中文翻译为文件，其在<form>标记中表示文件上传按钮。

file文件上传按钮基本语法

```
<input type="file">
```

file文件上传按钮代码范例

```
<!doctype html>
<html>
<head>
<meta charset="UTF-8">
<title> file 文件上传 </title>
</head>
<body>
    <form>
            <input type="file">
    </form>
</body>
</html>
```

注意 代码中加粗部分为form表单中的〈input〉标记，其type的属性值为file，即文件上传按钮。使用浏览器浏览以上代码的效果如图6-9所示。

图6-9

在图6-9所示的效果中，在浏览器中单击"选择文件"按钮，可以打开查找本地文件的对话框，选择相对应的文件进行上传。

知识点 6 reset 重置按钮

<input>标记中type的属性值为reset时，表示重置按钮。重置按钮的功能很简单，用户在输入信息时，一旦输错，可以使用此按钮来重置，类似于一键还原的功能。

reset重置按钮基本语法

```
<input type="reset">
```

reset重置按钮代码范例

```
<!doctype html>
<html>
<head>
<meta charset="UTF-8">
<title>form- 按钮 </title>
</head>

<body>
    <form>
            <input type="reset" value=" 重置按钮 ">
    </form>
</body>
</html>
```

代码中加粗部分为form表单中的〈input〉标记，其type的属性值为reset，即重置按钮。使用value设置了重置按钮的初始值。使用浏览器浏览以上代码的效果如图6-10所示。

图6-10

知识点7 radio 单选项

<input>标记中type的属性值为radio时表示单选项。单选项的功能很简单，可以方便用户选择选项，选中的选项以带小圆点的圆形来表示。

radio单选项基本语法

```
<input type="radio">
```

radio单选项代码范例

```
<!doctype html>
<html>
<head>
<meta charset="UTF-8">
<title>form- 单选 </title>
</head>
<body>
    <form>
        <input type="radio">男 <input type="radio"> 女
    </form>
</body>
</html>
```

注意 代码中加粗部分为form表单中的〈input〉标记，其type的属性值为radio，即单选项。使用浏览器浏览以上代码的效果如图6-11所示。

图6-11

观察图6-11，可以发现"男"和"女"两个选项都可以被选中，单选项的功能在实现时出错。这是因为单选项在使用时，需要通过name属性把多个选项编为一组才可实现单选的功能。

name属性代码范例

```
<!doctype html>
<html>
<head>
<meta charset="UTF-8">
```

```
<title>form- 单选 </title>
</head>

<body>
    <form>
        <input type="radio" name="sex">男 <input type="radio" name="sex">女
    </form>
</body>
</html>
```

注意 name属性用来设置单选项的名称，sex为属性值。这个值可以不是sex，输入其他任意名字都可以，但是一定要注意保持多个选项的编组名一致。使用浏览器浏览以上代码的效果如图6-12所示。

图6-12

知识点 8 checkbox 复选框

　　<input>标记中type的属性值为checkbox时表示复选框。复选框的功能很简单，可以方便用户选择多个选项，选中的选项以对钩来表示。

checkbox复选框基本语法

```
<input type="checkbox">
```

checkbox复选框代码范例

```
<!doctype html>
<html>
<head>
<meta charset="UTF-8">
<title>form- 复选框 </title>
</head>
<body>
    <form>
        <input type="checkbox">敲代码 <input type="checkbox">做设计
    </form>
</body>
</html>
```

注意 代码中加粗部分为form表单中的〈input〉标记，其type的属性值为checkbox，即复选框。使用浏览器浏览以上代码的效果如图6-13所示。

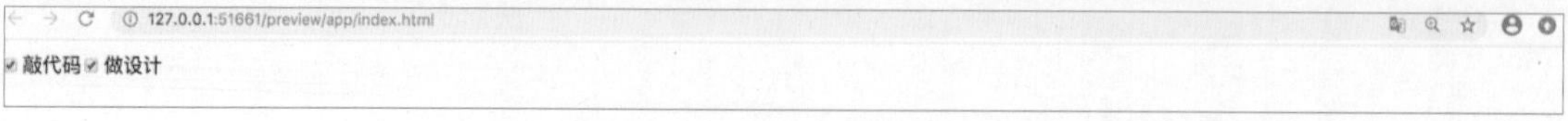

图6-13

第3节 <select>下拉列表标记

　　select的中文翻译为选择，其在HTML文档中表示选择列表或者下拉列表。在<select>标记中间添加<option>标记表示列表项。<select>标记和<option>标记都是双标记，由开始标记和结束标记组成。

<select>下拉列表标记基本语法

```
<select>
        <option> 列表项 1</option>
        <option> 列表项 2</option>
        <option> 列表项 3</option>
</select>
```

<select>下拉列表标记代码范例

```
<!doctype html>
<html>
<head>
<meta charset="UTF-8">
<title>form- 下拉列表 </title>
</head>
<body>
<form>
    <select>
            <option> 列表项 1</option>
            <option> 列表项 2</option>
            <option> 列表项 3</option>
    </select>
</form>
</body>
</html>
```

注意　代码中加粗部分为form表单中的〈select〉标记，即下拉列表，〈option〉标记指的是列表项。使用浏览器浏览以上代码的效果如图6-14所示。

图6-14

　　观察图6-14，浏览器默认显示列表项1，单击展开后会显示其他列表项。

第4节 <textarea>文本域标记

　　<textarea>标记指文本域标记，文本域允许用户输入多行文字信息。

　　<textarea>标记是双标记，由开始标记<textarea>和结束标记</textarea>组成。

\<textarea\>文本域标记基本语法

```
<textarea> 可以输入多行文字信息 </textarea>
```

\<textarea\>文本域标记代码范例

```
<!doctype html>
<html>
<head>
<meta charset="UTF-8">
<title>form- 文本域 </title>
</head>

<body>
    <form>
        <textarea>
            我是文本域，我可以随着文字内容的增加而换行显示。
        </textarea>
    </form>
</body>
</html>
```

> **注意** 代码中加粗部分为 form 表单中的〈textarea〉标记，即文本域，其常用于页面留言框。使用浏览器浏览以上代码的效果如图6-15所示。

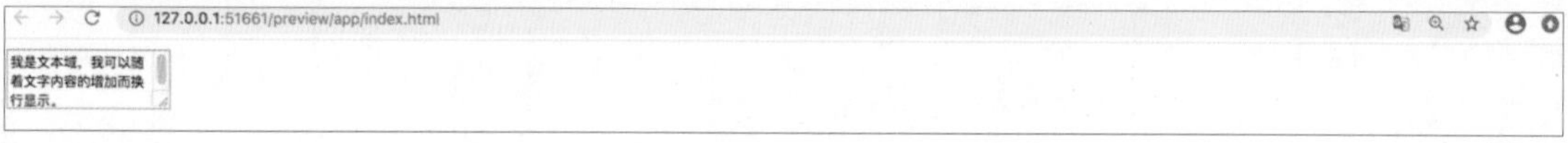

图6-15

第5节 \<label\>标记

以第 2 节知识点 7 的 radio 单选项为例。观察图 6-16 可以发现，用户要选中"男"选项或者"女"选项，需要单击 radio 单选项的范围，对应的选项才会被选中，这不便于用户进行选择。

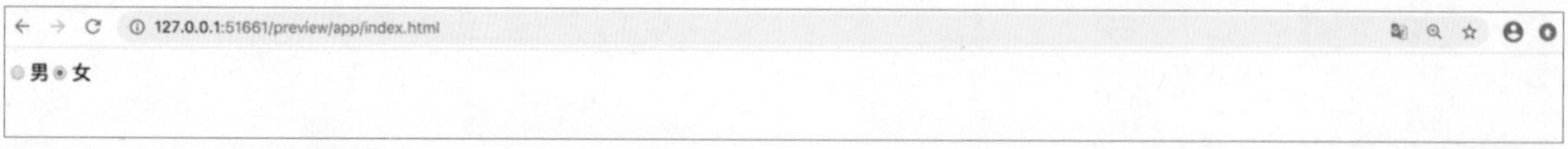

图6-16

\<label\>标记可以为 \<input\> 标记定义标注。用户选择 \<label\> 标记时，浏览器会自动将焦点转到和标记相关的表单控件上。

\<label\> 标记是双标记，由开始标记 \<label\> 和结束标记 \</label\> 组成。

\<label\>标记基本语法

```
<label for=" 控件 id 名称 ">
```

\<label\>标记代码范例

```
<!doctype html>
<html>
<head>
<meta charset="UTF-8">
<title>form-label</title>
</head>
<body>
    <form>
        <input type="radio" name="sex" id="boy">
        <label for="boy">男 </label>
        <input type="radio" name="sex" id="girl">
        <label for="girl">女 </label>
    </form>
</body>
</html>
```

> **注意** 代码中加粗部分为〈label〉标记和〈input〉标记的综合运用，〈label〉标记中for属性需要与相关标记的id属性相同。使用浏览器浏览以上代码的效果如图6-17所示。

图6-17

观察图6-17可以发现，在浏览器中单击\<label\>标记的范围，相关联的\<input\>标记的选项就会被选中。

本课练习题

操作题

回顾第1节至第5节知识点，制作图6-18所示的网页效果。

图6-18

操作题要点提示

① 本练习涉及form表单的所有知识点，其中radio单选项在书写时，需要使用name属性进行编组，才可实现单选功能；下拉列表和文本域的实现，需要分别使用〈select〉和〈textarea〉等标记。

② 本练习中所有的表单元素都应该写在同一个‹form›‹/form›中。

第 **7** 课

"CSS设计器"面板

建好HTML标记后，需要通过CSS设计器来美化网页。CSS设计器中包含源、媒体、选择器、属性4个部分，其中源用于创建CSS文件，媒体用于进行设备查询，选择器用于指定标记，属性用于对网页内容进行修饰。

本课知识要点

◆ 源的使用

◆ 选择器

◆ CSS属性

第1节 源的使用

源用于创建CSS文件。

在"CSS设计器"面板的"源"选项组中单击"添加CSS源"按钮➕，会出现二级菜单，此菜单有"创建新的CSS文件""附加现有的CSS文件"和"在页面中定义"3个选项，如图7-1所示。

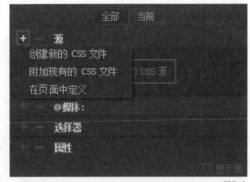

图7-1

▌"创建新的CSS文件"指单独创建新的CSS类型的文件，与HTML文件独立存在，通过代码将CSS文件和HTML文件关联在一起。

▌"附加现有的CSS文件"指将已经建好的CSS文件添加进来。

▌"在页面中定义"指将CSS文件定义在HTML文件中。

知识点1 在页面中定义

在页面中定义的CSS也称"内部样式"，是写在HTML文件中的，其操作步骤如下。

（1）插入标记，在代码视图中的<body>标记中插入标记，例如段落标记。

（2）在"CSS设计器"面板的"源"选项组中单击按钮➕，选择"在页面中定义"选项，"源"选项组的列表中新增一个<style>标记，在代码视图中的<head>标记中自动生成一段代码，如图7-2所示。

图7-2

（3）定义选择器。单击"选择器"选项组前的按钮➕，下方弹出一个输入框，输入一个英文名称，英文名称前加英文状态下的"."（如.box），按Enter键。代码视图中的<style>标记内部将自动生成选择器的代码，如图7-3所示。

图7-3

（4）将标记和选择器关联。调出"属性"面板，在"类"下拉列表中选择定义的选择器名称（box），相对应的标记上多出一段class代码，代表关联成功，如图7-4和图7-5所示。以上操作生成的选择器被称为"类选择器"或"class选择器"。

图7-4

图7-5

（5）定义CSS属性。在CSS设计器的"选择器"选项组中，选中刚才命名的英文名（.box），在CSS设计器的"属性"选项组中取消勾选"显示集"复选框，下方会展示所有的CSS属性，如图7-6所示。选中需要的属性，并设置属性值就能对所选的标记进行修饰美化，例如想要将段落标记内的文字颜色修改为红色，可以单击"文本"按钮 **T**，找到"color"属性，单击"修改颜色"按钮 ，选择红色，如图7-7和图7-8所示。

图7-6

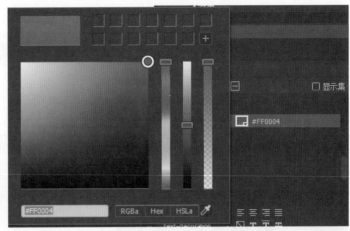

图7-7　　　　　　　　　　　　　　　　　　　　　　　　　图7-8

执行完以上操作后会发现，在选择器.box里添加了"color：#FF0004；"这段代码，段落文字颜色变成了红色，如图7-9所示。

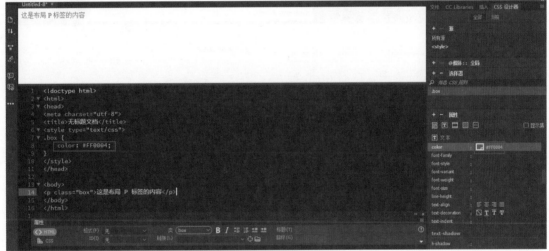

图7-9

知识点2 创建新的CSS文件

创建新的CSS文件指单独创建新的CSS类型的文件，与HTML文件独立存在，通过代码将CSS文件和HTML文件关联在一起，其操作步骤如下。

（1）创建新的HTML页面，插入HTML标记，例如插入段落标记。

（2）单击"CSS设计器"面板中的按钮■，选择"创建新的CSS文件"选项，如图7-10所示。

（3）在弹出的对话框中，单击"浏览"按钮，指定文件存放的位置，并新建一个CSS文件夹。双击打开CSS文件夹，指定文件名，保存新建的CSS文件，回到"创建新的CSS文件"对话框，

图7-10

单击"确定"按钮，如图7-11和图7-12所示。

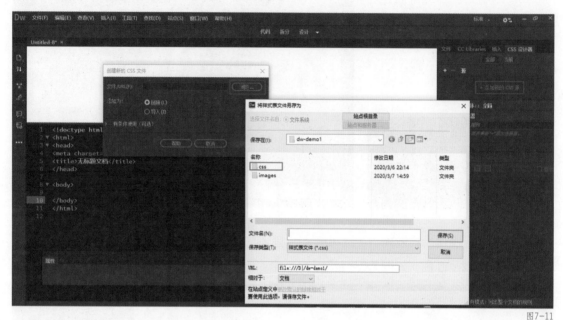

图7-11

（4）操作成功后，在视图区域的上部多出了一个"style1.css"选项卡，在<head>标记内部也多出了一段代码"<link href="css/style1.css "rel="stylesheet" type="text/css">"，它起到连接HTML文件和CSS文件的作用，如图7-13所示。

（5）单击"style1.css"选项卡，进入CSS文件内部，如图7-14所示。

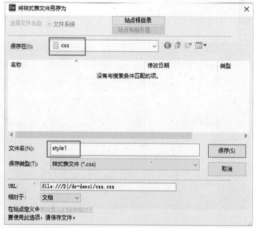

图7-12

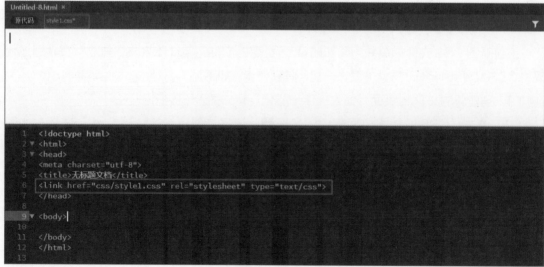

图7-13

图7-14

（6）定义选择器。在"CSS设计器"面板中，单击"选择器"选项组前的按钮▉，输入英文名称（如.box），按Enter键，在CSS文件内部自动生成选择器的代码，如图7-15所示。

图7-15

（7）将标记和选择器关联。单击视图上方的"源代码"选项卡，回到HTML文件中。单击标记上任意位置，调出"属性"面板，在"类"下拉列表中选择定义的选择器名称，标记上多出一段class代码，代表关联成功，如图7-16所示。

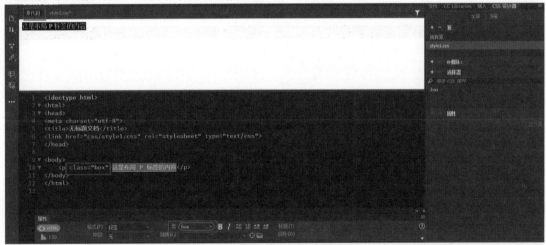

图7-16

（8）定义CSS属性。在CSS设计器的"选择器"选项组中选择刚才命名的英文名，在CSS设计器的"属性"选项组中可以修改文字颜色。

知识点 3　附加现有的 CSS 文件

附加现有的CSS文件指将本地磁盘中现有的CSS文件和HTML文件连接起来，操作步骤如下。

（1）创建新的HTML页面，插入HTML标记，例如插入段落标记。

（2）单击"CSS设计器"面板中的按钮▣，选择"附加现有的CSS文件"选项，在弹出的对话框

图7-17

中，单击"浏览"按钮，找到本地磁盘中现有的CSS文件，现有的CSS文件就被关联进来了，如图7-17、图7-18和图7-19所示。

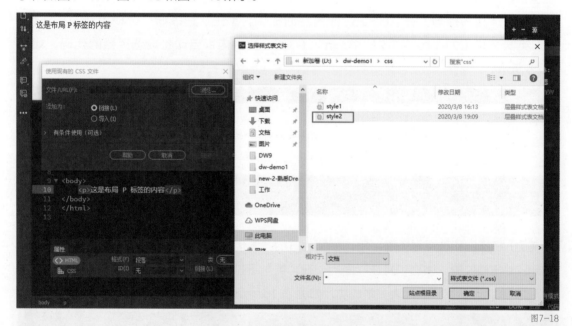

图7-18

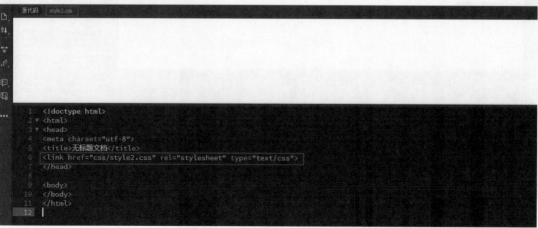

图7-19

（3）单击视图上方的"源代码"选项卡，回到HTML文件中。单击标记上的任意位置，调出"属性"面板中的"类"，可以展开"类"下拉列表。如果CSS文件中已经定义了选择器名称和属性，下拉列表中会显示这些选择器的名称。选择想要的选择器名称，CSS属性就会生效了，如图7-20和图7-21所示。

图7-20

图7-21

第2节 选择器

在HTML文档中常见的选择器有类选择器和id选择器，类选择器在本课第1节里已经应用过，这一节主要讲解的是id选择器。id选择器和类选择器的作用类似，都能找到对应的标记并添加属性和属性值，其操作步骤如下。

（1）在HTML文档中插入标记。

（2）定义选择器。单击"选择器"选项组前的按钮![+]，下方弹出一个输入框，输入一个英文名称，英文名称前加英文状态下的"#"（如#news），按Enter键，代码视图中的<style>标记内部自动生成选择器的代码，如图7-22所示。

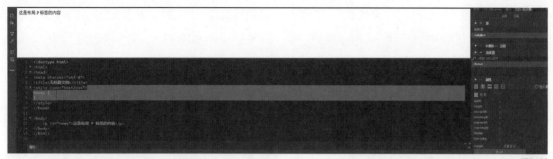

图7-22

（3）调出"属性"面板，在"ID"的下拉列表中选择定义的选择器名称"news"，相对应的标记上多出一段id代码，代表关联成功，之后再定义CSS属性和属性值就好了，如图7-23所示。

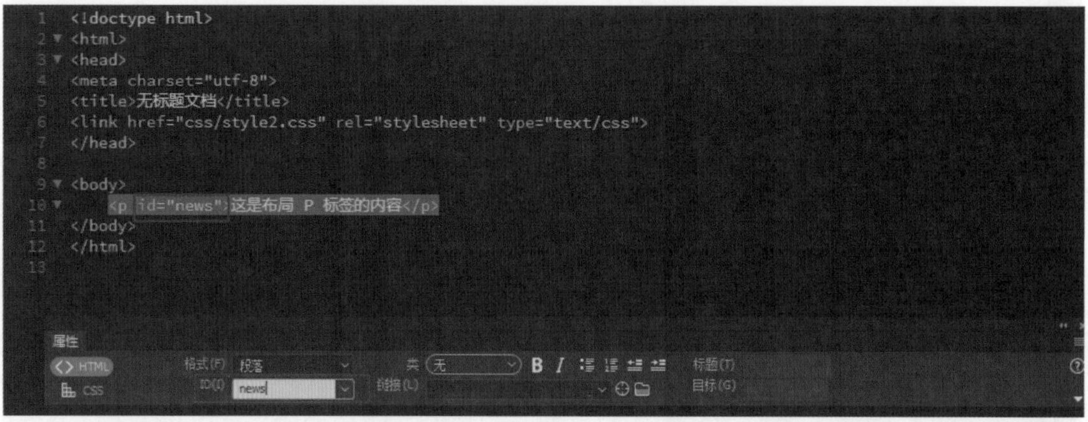

```
1  <!doctype html>
2  <html>
3  <head>
4  <meta charset="utf-8">
5  <title>无标题文档</title>
6  <link href="css/style2.css" rel="stylesheet" type="text/css">
7  </head>
8
9  <body>
10  <p id="news">这是布局 P 标签的内容</p>
11  </body>
12  </html>
13
```

图7-23

id选择器的命名具有唯一性。HTML文档中的标记如果用id选择器命名，要记住不能用相同的名字。

第3节 CSS属性

"CSS设计器"面板中的"属性"选项组中提供了各种类型的CSS属性，通过对这些属性值的设置，能让网页呈现出各种效果。

在CSS设计器的"选择器"选项组内，选中定义好的选择器，"属性"选项组中的"显示集"复选框会被激活，取消勾选"显示集"复选框，所有的CSS属性都会显示出来，如图7-24所示。

CSS属性区域由4类按钮组成，单击按钮会出现其代表的属性，这些按钮分别表示布局、文本、边框和背景属性，如图7-25所示。

图7-24

图7-25

为了方便理解CSS属性，本节先讲边框常用属性，再讲布局、文本、背景常用属性。通过本节的学习，读者可以掌握基础属性的用法。

知识点 1 边框属性

单击"边框"按钮后会出现border属性,在下方有5个按钮分别代表边框的方位,依次是四周、顶部、右侧、底部和左侧,想要添加哪个方位的边框就单击对应的按钮,如图7-26所示。

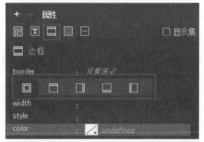

图7-26

在border属性中有3个参数需要设置,分别是"width"、"style"和"color",如图7-27所示。

图7-27

▌"width"指边框的宽度,冒号":"右侧是属性值区域,单击属性值区域,出现单位列表,选择像素单位"px",在"px"前输入具体数值即可。如果要删除属性值,单击旁边的"删除"按钮,如图7-28和图7-29所示。

▌"style"指边框线的类型,设置属性值,一般选择"solid"实线类型。

▌"color"指边框线颜色,设置色值即可。

例如给区块设置图7-30所示的四周是2px的红色实线,代码视图中会多出这样一段代码,如图7-31所示。

图7-28

图7-29

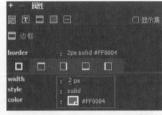

图7-30

```
 1  <!doctype html>
 2 ▼ <html>
 3 ▼ <head>
 4    <meta charset="utf-8">
 5    <title>无标题文档</title>
 6 ▼ <style type="text/css">
 7 ▼ #news {
 8      border: 2px solid #FF0004;
 9    }
10    </style>
11    </head>
12
13 ▼ <body>
14      <p id="news">这是布局 P 标签的内容</p>
15    </body>
16    </html>
17
```

图7-31

知识点 2　布局属性

单击"布局"按钮▦，展开布局中所有的属性，基础属性用法如下。

▌"width"宽度和"height"高度指区块的宽高范围，可以分别设置具体数值（需加单位px），例如给<p>标记分别设置2px的红色实线边框，宽200px和高20px等属性，效果如图7-32所示。

图7-32

▌"margin"外间距指当前标记和其他标记的距离，红色代表当前标记，如图7-33所示。在"属性"选项组中也有4个属性值可以设置，分别是上、下、左、右4个方位，如图7-34所示。

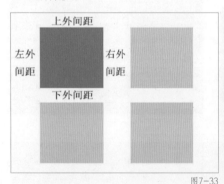

图7-33

图7-34

4个方位对应的代码是margin-top上外间距、margin-bottom下外间距、margin-left左外间距、margin-right右外间距。例如给<p>标记加上margin上外间距10px，下外间距20px，在"属性"选项组内直接设置属性值即可，同时在代码视图生成对应的代码，如图7-35所示。

▌"padding"内填充指内容和边框之间的距离，如图7-36所示。在"属性"选项组中的padding属性也有4个方位，分别是padding-top上内填充、padding-bottom下内填充、padding-left左内填充、padding-bottom下内填充。设置方法和margin一样，也是直接修改属性值，如图7-37所示。

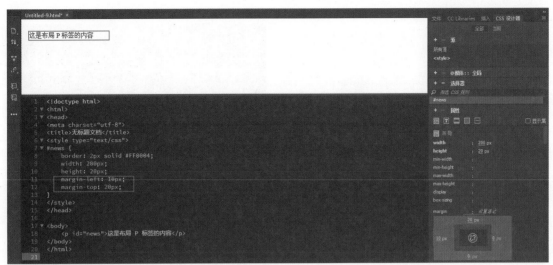

图7-35

知识点 3 文本属性

在"属性"选项组中单击"文本"按钮  ，显示所有文本属性，文本属性针对的是文字样式，例如文字颜色、字号大小、字体等，这里介绍3个基础属性，分别是"color""font-family"和"font-size"。

图7-36

▍"color"用于设置文字颜色。

▍"font-family"用于设置字体。默认情况下，Dreamweaver 2020中内置了多个英文字体的属性值，可以根据需要来选择，如图7-38所示。

图7-37

▍"font-size"用于设置文字大小。

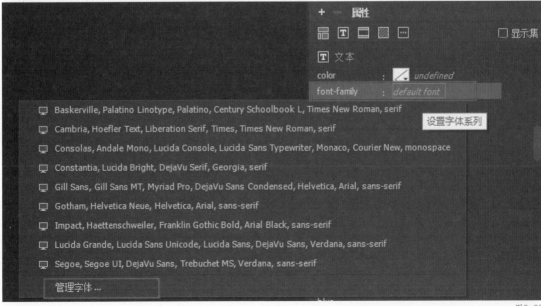

图7-38

如果需要设置中文字体，可以单击"管理字体"按钮，在弹出的对话框里找到"自定义字体堆栈"，在"可用字体"里找到想要的字体，单击"添加"按钮，添加成功后，字体就进入左侧"选择的字体"下拉列表框中。如果想要移除添加过的字体，则选中字体，单击"移除"按钮 即可，操作完毕后单击"完成"按钮，如图7-39所示。

回到"font-family"属性，单击属性值所在的位置，在展开的下拉列表框里会看到字体添加成功，选择合适的字体即可，同时在代码视图中生成代码，如图7-40和图7-41所示。

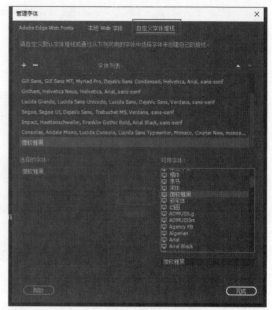

图7-39

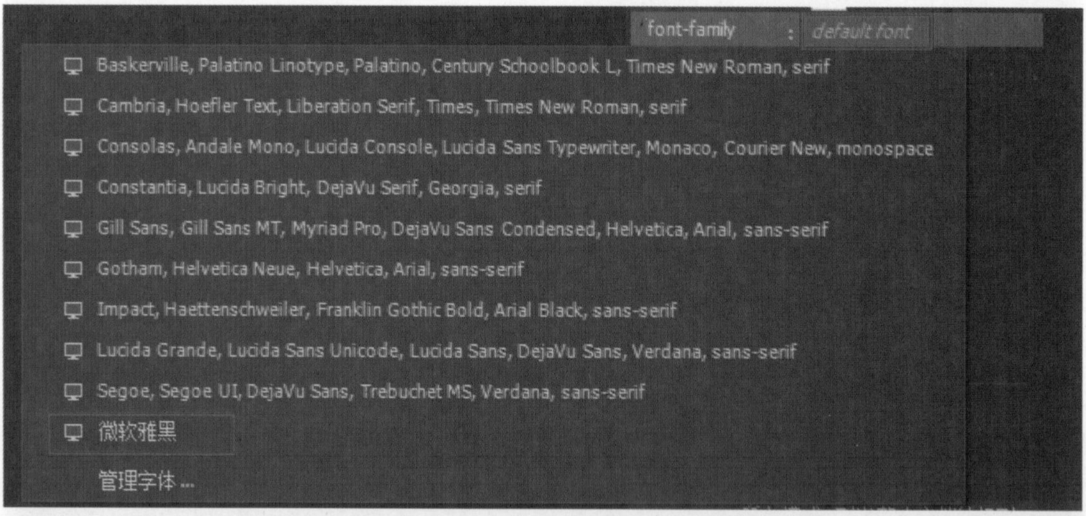

图7-40

图7-41

知识点4 背景属性

背景属性用来设置与背景相关的CSS样式，背景属性有背景颜色、背景图片、背景位置等，这里以背景颜色为例讲解基础的背景属性。

在"属性"选项组中单击"背景属性"按钮▨，找到"background-color"属性，单击属性值位置，可以选择合适的颜色。例如给<p>标记分别设置宽、高、橙色背景色等属性，效果如图7-42所示。

图7-42

第 **8** 课

深入认识CSS

标记是用来搭建网页结构的，但一个网页光有结构还不行。就像搭建房子一样，标记相当于房子的框架结构，只有框架结构的房子是不能住人的，还需要装修。在网页中，CSS类似于装修的作用，它能对网页结构进行美化、装饰。

第7课讲解了"CSS设计器"面板创建CSS的方法，本课继续深入讲解CSS。

本课知识要点

◆ 什么是CSS

◆ CSS的书写方式

◆ CSS基本语法

◆ 选择器

第1节 什么是CSS

CSS全称为"层叠样式表"，是英文cascading style sheets的缩写。

CSS为HTML提供了一种样式描述，它能够对网页中元素的布局、位置、外观等进行精确的控制。

CSS的诞生伴随着HTML的发展。随着HTML的发展，为了满足页面设计越来越高的要求，HTML添加了很多显示功能。但是随着这些功能的增加，HTML变得越来越杂乱，而且页面也越来越臃肿，于是CSS便诞生了。

1994年哈肯·维姆勒（Hakon Wium Lie）提出了CSS的最初建议。当时伯特·波斯（Bert Bos）正在设计一个名为Argo的浏览器，于是他们一拍即合，决定一起设计CSS。

当时在互联网界已经有过一些统一样式表语言的建议了，但CSS是第一个含有"层叠"的样式表语言。在CSS中，一个文件的样式可以从其他的样式表中继承，也可以自己去定义，这种层叠的方式使用户可以灵活地加入自己的设计。

1994年哈肯在芝加哥第一次提出CSS的建议，在之后的WWW网络会议上CSS又一次被提出，伯特演示了Argo浏览器支持CSS的示例。W3C组织成立后，CSS的创作成员加入并全力负责研发CSS标准，层叠样式表的开发终于走上正轨，有越来越多的成员参与其中。例如，微软公司的托马斯·莱尔顿（Thomas Reaxdon）的努力最终让Internet Explorer浏览器支持CSS标准。哈肯、伯特和其他一些人是这个项目的主要技术负责人。1996年年底，CSS初稿完成，同年12月，层叠样式表的第一份正式标准（Cascading style Sheets Level 1）完成，成为W3C的推荐标准。

1997年年初，W3C组织负责CSS的工作组讨论第一版中没有涉及的问题，其讨论结果组成了1998年5月出台的CSS2。

1999年开始制订CSS规范第三版，即CSS3，它是CSS技术的升级版本，2001年5月23日，W3C完成了CSS3的工作草案。由于各种浏览器之间存在的兼容问题，因此目前使用最广泛的还是CSS2版本。

CSS满足了HTML更多标记的样式需求，例如标题标记<h1>、段落标记<p>等。如果需要在页面上体现不同字体颜色、字号大小、背景色等效果，光凭 HTML 标记自身属性无法满足这些需求，这时CSS就很好地体现了它的优势，如图8-1所示。

观察图8-1可以看出，此页面显示内容单一，其展示的效果不够美观，如果配合CSS样式，可以使页面更加美观，如图8-2所示。

图8-1 图8-2

第2节 CSS的书写方式

CSS的书写方式有外部样式表、内部样式和行内样式3种。

知识点1 外部样式表

外部样式表是把CSS样式单独写在一个文档中，保存为独立的文件，以.css为扩展名，如图8-3所示。

图8-3

外部样式表使用<link>标记链接引入HTML文档中。<link>标记写在<head></head>之间。

外部样式表基本语法

```
<link href="index.css" rel="stylesheet" type="text/css"/>
```

外部样式表语法说明如下。

▌ link用于在当前文档和外部文档之间建立连接。

▌ href用于设置或获取目标链接地址。

▌ rel用于设置或获取对象和链接目的的关系。

▌ stylesheet指样式表。

▌ type用于设置或获取对象的类型。

使用外部样式表的好处在于其可以把CSS样式统一写到外部的样式表中，结构和样式相分离，可以使样式在不同的页面中使用，加快访问速度，提高用户体验。在项目开发中推荐使用外部样式表。

知识点 2 内部样式

内部样式是写在HTML文档中的，内部样式只对所在的页面有效，写在\<head>\</head>之间，并且被\<style>\</style>包含着，其样式没有\<style>标记是不生效的。

内部样式基本语法

```
<style type="text/css">
    样式
</style>
```

内部样式语法说明如下。

type指设置或获取对象的类型，type="text/css"可以省略不写，如图8-4所示。

知识点 3 行内样式

行内样式是直接将样式写在标记上，通过style属性来设置，写法为style="属性:属性值;"，例如\<div style="color:red;width:500px;">内容\</div>。

在实际项目中，要求结构（HTML）和样式（CSS）两者相分离，行内样式是将CSS和HTML写在一起，不符合结构和样式分离的原则，这种写法一般用来测试代码，实际项目开发时不建议使用。

```
<!doctype html>
<html>
<head>
<meta charset="utf-8">
<title></title>
<style>
*{ margin:0; padding:0;}
li{ list-style:none;}
a{ text-decoration:none;}
input{background-color:transparent; border:none;}

.header{
  height:124px;

  position:fixed;
  left:0;
  top:0;

  width:100%;
  z-index:99;  /*提升层级  99*/
  }

.top{
  height:90px;
  background-color:rgba(0,0,0,0.5);   /*半透明的颜色*/
  }
```

图8-4

第3节 CSS基本语法

CSS的语法由3部分组成，分别是选择器、属性和属性值。CSS基本语法如图8-5所示。

CSS语法说明如下。

▌ 选择器指HTML文档中希望定义的标记或对象，例如HTML文档中的\<h1>标记、\<p>标记等。

▌ 属性指HTML文档中希望改变的标记的样式属性，例如HTML文档中的\<h1>标记，默认的文字颜色为黑色，文字颜色就是\<h1>标记的属性。

▌属性值指给属性定义的值，例如HTML文档中的<h1>标记，文字颜色为黑色，文字颜色就是<h1>标记的属性，黑色就是<h1>标记的属性值。

在CSS语法中，属性和属性值需要用英文状态下的冒号隔开，并且由英文状态下的大括号包围起来，这样才是一组完整的样式声明，如图8-6所示。

观察图8-8可以看出，h1是选择器，是HTML文档中的标记元素，color是属性，red是属性值，整体的意思是HTML文档中所有的<h1>标记执行文字颜色是红色的属性。

CSS语法中，选择器可以设置多个属性，每个属性之间用分号隔开，如图8-7所示。

图8-5　　　　　　　　　　图8-6　　　　　　　　　　图8-7

第4节　选择器

选择器的作用是查找HTML文档中的对象元素，在CSS中有多种选择器。

知识点 1　标记选择器

标记选择器是将标记作为选择器来使用，HTML文档中所有标记都可以作为选择器。

标记选择器代码范例

```
<!doctype html>
<html>
<head>
<meta charset="UTF-8">
<title> 标记选择器 </title>
<style>
    div{
        width:100px;
        height:100px;
    }
</style>
</head>
<body>
    <div></div>
</body>
</html>
```

注意　代码中加粗部分用于给〈div〉标记设置宽和高的样式，〈div〉标记作为选择器使用的时候，不需要加"<"和">"，只书写标记名称就可以。以上代码在Dreamweaver 2020中的预览效果如图8-8所示。

图8-8

知识点 2 class 选择器

标记选择器在使用的时候，相同的标记都会执行标记选择器中的样式，其代码如下所示。

标记选择器代码范例

```
<!doctype html>
<html>
<head>
<meta charset="UTF-8">
<title> 标记选择器 </title>
<style>
    div{
        width:100px;
        height:100px;
    }
</style>
</head>
<body>
    <div></div>
    <div></div>
    <div></div>
</body>
</html>
```

> **注意** 代码中加粗部分用于给结构中所有〈div〉标记设置宽和高的样式，以上代码在软件中的预览效果如图8-9所示。

观察图8-9可以看出，3个<div>标记的width和height值都是一样的，如果3个<div>标记的样式各不一样，使用标记选择器不好实现，只能分开来定义样式，使用class选择器能满足这样的需求。

class选择器也称"类选择器"，可以分别对HTML标记进行命名，通过不同命名来区分标记。

class选择器基本语法

```
结构   <div class=" 名称 "></div>
样式   .名称 { 属性：属性值；}
```

图8-9

class选择器代码范例①

```
<!doctype html>
<html>
<head>
<meta charset="UTF-8">
<title>class 选择器 </title>
<style>
    div{
```

```
        width:100px;
        height: 100px;
    }
    .box{
        width:200px;
        height:200px;
    }
</style>
</head>
<body>
 <div></div>
 <div class="box"></div>
</body>
</html>
```

> **注意** 代码中加粗部分是class选择器的应用示例，class选择器在书写样式时，一定要以英文状态下的"."开头。以上代码在软件中的预览效果如图8-10所示。

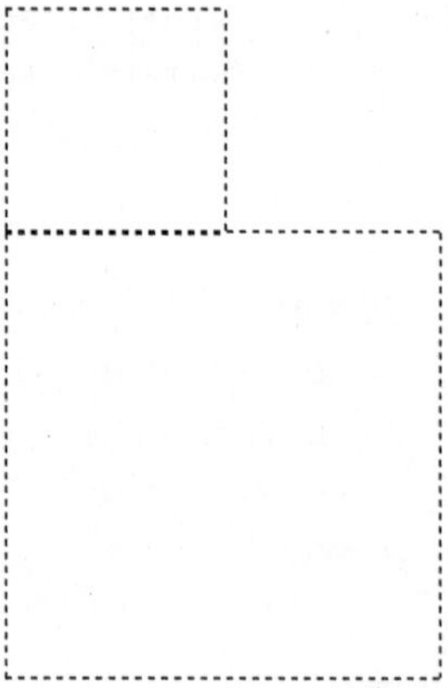

class选择器在命名时需要注意以下4点。

▌ class选择器在命名时不建议使用中文。

▌ class选择器在命名时不建议以纯数字或数字开头。

▌ class选择器在命名时不要使用特殊符号，例如！、@、#、¥、%等（ - 和 _ 除外）。

▌ class选择器在命名时需要有含义。

图8-10

HTML文档中如果多个结构的样式是一模一样的，可以使用相同的class名称，在样式表中只需要写一遍样式即可。

class选择器代码范例②

```
<!doctype html>
<html>
<head>
<meta charset="UTF-8">
<title>class 选择器 </title>
<style>
    div{
        width:100px;
        height: 100px;
    }
    .box{
        width:200px;
        height:200px;
    }
</style>
</head>
<body>
    <div></div>
    <div class="box"></div>
    <div class="box"></div>
</body>
</html>
```

> **注意** 代码中加粗部分指相同样式的结构，名称可以一致，样式只需写一遍。以上代码在软件中的预览效果如图8-11所示。

知识点3 id选择器

id选择器具有唯一性，针对性比较强。id选择器类似于身份证号，每个人有且只有一个身份证号。id选择器的命名是唯一的，一个id名只能用在一个标记上，即使是相同的样式也不能使用相同的名字。

id选择器可用在一级结构或者JavaScript中动态调用对象的时候。

id选择器基本语法

```
结构    <div id=" 名称 "></div>
样式    # 名称 { 属性：属性值；}
```

图8-11

id选择器代码范例

```
<!doctype html>
<html>
<head>
<meta charset="UTF-8">
<title>id 选择器 </title>
<style>
    #top{
        width:200px;
        height:200px;
    }
</style>
</head>
<body>
    <div id="top"></div>
</body>
</html>
```

> **注意** 代码中加粗部分是id选择器的应用示例，id选择器在书写样式时，一定要以英文状态下的"#"开头。以上代码在软件中的预览效果如图8-12所示。

id选择器在命名时和class选择器一样，需要注意以下4点。

▎id选择器在命名时不建议使用中文。

▎id选择器在命名时不建议以纯数字或数字开头。

▎id选择器在命名时不要使用特殊符号，例如！、@、#、¥、%等（-和_除外）。

▎id选择器在命名时需要有含义。

图8-12

知识点 4　群组选择器

不同的HTML标记如果有大部分或者全部相同的样式，可以把相同的样式提取出来，通过群组选择器写在一起。

群组选择器的优势是可以减少样式的重复定义，减少代码量，提高网页的性能。

使用群组选择器时，注意选择器与选择器之间一定要用英文状态下的逗号隔开，如图8-13所示。

```
.top_inner, .nav_inner, .icon_inner, .main_inner, .footer_inner, .copy_inner{
    width:1094px;
    margin:0 auto;
}
```

图8-13

观察图8-16可以看出，.top_inner 、.nav_inner、.icon_inner 、.main_inner 、.footer_inner 和.copy_inner等区块都执行{}里的属性。

知识点 5　通配符选择器

通配符用星号"*"表示，代表HTML文档中所有的标记都会被选中。例如 *{margin:0;padding:0;} 指将HTML文档中所有标记的margin值和padding值设置为0。

一般情况下，通配符选择器写在样式的第一行。

通配符选择器基本语法

```
*｛属性：属性值；｝
```

知识点 6　后代选择器

后代选择器也叫"包含选择器"，其用于HTML标记是包含关系的情况下。

后代选择器基本语法

```
父选择器　子选择器｛属性：属性值；｝
```

后代选择器的语法说明如下。

选择器与选择器之间用空格隔开，空格后面的选择器一定是前面选择器的后代。

后代选择器代码范例①

```
<!doctype html>
<html>
<head>
<meta charset="UTF-8">
<title>后代选择器</title>
<style>
    #top p{
        color:red;
    }
</style>
</head>
<body>
```

```
    <div id="top">
        <p> 后代选择器 </p>
        <p> 后代选择器 </p>
    </div>
</body>
</html>
```

后代选择器
后代选择器

图8-14

> **注意** 代码中加粗部分用于将所有 〈p〉标记的字体颜色设置为红色。以上代码在软件
> 中的预览效果如图8-14所示。

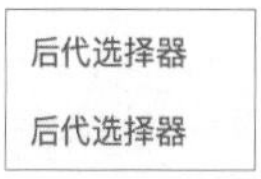

后代选择器的写法不一定是父子关系，也可以是祖孙关系，只要后面元素是前面元素的直
系后代即可。

后代选择器代码范例②

```
<!doctype html>
<html>
<head>
<meta charset="UTF-8">
<title> 后代选择器 </title>
<style>
    #top span{
        color:blue;
    }
</style>
</head>
<body>
    <div id="top">
        <p><span> 后代选择器 </span></p>
        <p> 后代选择器 </p>
    </div>
</body>
</html>
```

以上代码在软件中的预览效果如图8-15所示。

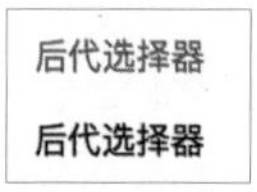

后代选择器
后代选择器

图8-15

知识点 7 a 的伪类选择器

a的伪类选择器用来修改 <a> 标记不同状态下的样式，常见的伪类有 :link、:visited 、:hover
和 :active 4种状态。

▌ :link 定义未访问时的状态，即默认的状态。

▌ :visited 定义已访问时的状态。

▌ :hover 定义鼠标指针悬停时的状态。

▌ :active 定义按下鼠标时的状态。

a的伪类选择器可以单独出现，经常使用的是 a:hover 效果，如果同时使用，必须要按照

以上顺序来书写。

a的伪类选择器基本语法

```
a: 伪类状态 { 属性 : 属性值 ; }
```

a的伪类选择器代码范例

```html
<!doctype html>
<html>
<head>
<meta charset="UTF-8">
<title> 伪类选择器 </title>
<style>
    a{
        font-size:16px;
        font-family: " 微软雅黑 ";
        text-decoration: none;
    }
    a:link{
        color:#171717;
    }
    a:visited{
        color:#999999;
    }
    a:hover{
        color:red;
    }
    a:active{
        color:#9406A9;
    }
</style>
</head>
<body>
    <a href="#"> 伪类选择器 </a>
</body>
</html>
```

注意　代码中加粗部分指给〈a〉标记设置了伪类的4种状态，由于涉及动态效果，建议通过浏览器观看。上述代码的静态效果如图8-16所示。

←　→　C　① 127.0.0.1:49407/preview/app/index.html

伪类选择器

图8-16

本课练习题

填空题

（1）CSS的书写方式有3种，分别是＿＿＿＿＿＿＿、＿＿＿＿＿＿＿＿和＿＿＿＿＿＿＿＿。

（2）外部样式表使用＿＿＿＿＿＿＿＿＿标记将CSS文档与HTML文档进行关联。

（3）CSS样式的基本语法是＿＿＿＿＿＿＿＿＿。

（4）CSS样式中有多种选择器，有＿＿＿＿＿＿＿、＿＿＿＿＿＿＿、＿＿＿＿＿＿＿、
＿＿＿＿＿＿＿、＿＿＿＿＿＿＿、＿＿＿＿＿＿＿＿和＿＿＿＿＿＿＿＿等。

参考答案

（1）外部样式表；内部样式；行内样式。

（2）<link>。

（3）选择器{属性:属性值;}。

（4）标记选择器；class选择器；id选择器；群组选择器；通配符选择器；后代选择器；
a的伪类选择器。

第 **9** 课

深入理解CSS常用样式

CSS样式普遍应用于网页制作中，CSS样式与
HTML结构结合能制作出更加美观的页面效果。CSS
样式的重点在于属性，不同的属性有不同的属性值。
在浏览器中看到的不同的页面效果都是不同的样式属
性以及属性值设置的结果。本课将系统深入地讲解
CSS样式的各个属性及属性值。

本课知识要点

◆ 背景样式　　　　　　　◆ border边框样式

◆ 字体样式　　　　　　　◆ float浮动样式

◆ 段落样式　　　　　　　◆ position定位样式

◆ list-style列表样式　　 ◆ z-index提升层级

◆ margin外间距样式　　　◆ cursor光标样式

◆ padding内填充样式　　 ◆ 其他样式

第1节 背景样式

背景的英文是background。背景样式在CSS样式中使用非常广泛，常见的样式有背景颜色、背景图片和背景关联等。

知识点 1 background-color 背景颜色

background一词的中文翻译为背景，color一词的中文翻译为颜色，这两个单词组成的词组在CSS样式中指背景颜色。

background-color基本语法

```
background-color: 颜色的色值 ;
```

background-color的语法说明如下。

background-color是属性，其属性值常见的有以下两种。

▌ 十六进制色值的写法。十六进制可以表现出丰富的颜色，所以是书写色值最常用、最广泛的方法之一。

background-color十六进制色值代码范例

```
<!doctype html>
<html>
<head>
<meta charset="UTF-8">
<title>background-color 背景色 </title>
<style>
    body{
        background-color:#333333;
    }
</style>
</head>
<body>
</body>
</html>
```

注意 代码中加粗部分指body区块的背景色为#333333。使用浏览器浏览以上代码的效果如图9-1所示。

图9-1

> **提示** 在书写颜色属性值的时候，前面需要添加 "#"，前2位数值代表r（red）通道值，中间2位数值代表g（green）通道值，后2位数值代表b（blue）通道值。如果遇到各个通道2位数值一样的情况，例如background-color:#ff6600; 则可以将其简写为 "background-color:#f60;"，即将aabbcc结构简写为 "abc"。

▌ 使用表示颜色的英文单词的写法。代表颜色的英文单词有很多，常见的有red（红色）、green（绿色）、blue（蓝色）、yellow（黄色）、black（黑色）、white（白色）、pink（粉红色）、purple（紫色）、tomato（西红柿红色）、orange（橙色）、gray（灰色）等。例如将背景颜色定义为红色可以写为background-color:red;。

知识点 2　background-image 背景图片

background-image在CSS样式中指背景图片。

background-image基本语法

```
background-image: 图片地址；
```

background-image的语法说明如下。

在CSS中引用图片的地址一般都写在url()里，在Dreamweaver 2020中书写代码写到background- image:的时候会出现路径提示。

> **注意** 在引用图片时，图片的命名不要使用中文。

background-image代码范例

```
<!doctype html>
<html>
<head>
<meta charset="UTF-8">
<title>background-image    背景图片 </title>
<style>
    body{
        background-color:gray;
        background-image:url(images/img4.jpg);
    }
</style>
</head>
<body>
</body>
</html>
```

> **注意** 代码中加粗部分用于将body区块的背景图片设置为img4.jpg。使用浏览器浏览以上代码的效果如图9-2所示。

图9-2

知识点 3 background-repeat 背景图片重复平铺

background-repeat在CSS样式中用于设置背景图片是否重复平铺。默认情况下，背景图片会重复平铺，如图9-3所示。

图9-3

background-repeat基本语法

```
background-repeat:图片是否重复平铺；
```

background-repeat的语法说明如下。

background-repeat是属性，其属性值常用的有以下3种。

▍ no-repeat 表示背景图片不重复平铺。

代码范例①

```
<!doctype html>
<html>
<head>
<meta charset="UTF-8">
<title>background-image    背景图片 </title>
<style>
    body{
        background-color:gray;
        background-image:url(images/img4.jpg);
        background-repeat:no-repeat;
    }
</style>
</head>
<body>
</body>
</html>
```

注意 代码中加粗部分指body区块背景图片不
重复平铺。使用浏览器浏览以上代码的效果如
图9-4所示。

▍ repeat-x表示背景图片水平方向重复
平铺。

图9-4

代码范例②

```
<!doctype html>
<html>
<head>
<meta charset="UTF-8">
<title>background-image    背景图片 </title>
<style>
    body{
        background-color:gray;
        background-image:url(images/img4.jpg);
        background-repeat:repeat-x;
    }
</style>
</head>
<body>
</body>
</html>
```

注意 代码中加粗部分指body区块背景图片水平方向重复平铺。使用浏览器浏览以上代码的效果如图9-5所示。

▎repeat-y表示背景图片垂直方向重复平铺。

图9-5

代码范例③

```
<!doctype html>
<html>
<head>
<meta charset="UTF-8">
<title>background-image    背景图片</title>
<style>
    body{
        background-color:gray;
        background-image:url(images/img4.jpg);
        background-repeat:repeat-y;
    }
</style>
</head>
<body>
</body>
</html>
```

注意 代码中加粗部分指body区块背景图片垂直方向重复平铺。使用浏览器浏览以上代码的效果如图9-6所示。

知识点4 background-position 背景位置

background- position用于定义背景图片的位置。

图9-6

background-position基本语法

```
background-position：水平方向位置 垂直方向位置；
```

background-position的语法说明如下。

background-position的属性值在书写时比较特殊，其属性值由两个方向的值组成，属性值与属性值之间使用一个空格隔开。在书写属性值时，先写水平方向的值，再写垂直方向的值。

background-position是属性，其属性值常见的有以下两种。

▎使用表示方位的单词写法。表示方位的单词按水平方向分有left（左）、center（居中）、right（右），按垂直方向分有 top（上）、center（居中）、bottom（下）。例如background-position:left top;，其属性值为水平方向和垂直方向各写一个。

使用表示方位的单词书写的代码范例

```html
<!doctype html>
<html>
<head>
<meta charset="UTF-8">
<title>background-image　背景图片</title>
<style>
    body{
        background-color:gray;
        background-image:url(images/img4.jpg);
        background-repeat:no-repeat;
        background-position:center top;
    }
</style>
</head>
<body>
</body>
</html>
```

> **注意**　代码中加粗部分指body区块背景图片的位置。使用浏览器浏览以上代码的效果如图9-7所示。

图9-7

▌ 使用具体数值的写法。设置背景图片位置时，使用方位单词书写的方法只能满足几个方位的设置需求，如果想要实现背景图片的精确定位，则需要使用数值的写法。

使用具体数值书写的基本语法

```
background-position：距离左边的值　距离上方的值；
```

例如background-position:100px 200px;，其属性值中100px指背景图与区块左边界有100px的距离，200px指背景图与区块上边界有200px的距离。

使用具体数值书写的代码范例

```
<!doctype html>
<html>
<head>
<meta charset="UTF-8">
<title>background-image 背景图片 </title>
<style>
    body{
        background-color:gray;
        background-image:url(images/img4.jpg);
        background-repeat:no-repeat;
        background-position:100px 200px;
    }
</style>
</head>
<body>
</body>
</html>
```

注意 代码中加粗部分用于body区块背景图片的精确定位。使用浏览器浏览以上代码的效果如图9-8所示。

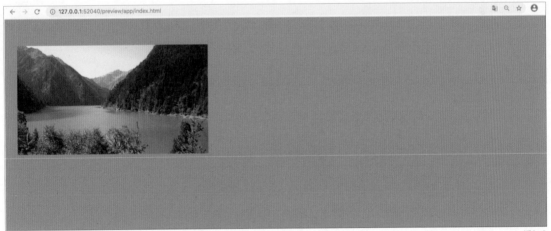

图9-8

知识点 5 background-attachment 背景关联

background-attachment一词的中文翻译为背景附件、背景关联，其用于设置背景图片是固定还是随着页面的其余部分移动而移动。

background-attachment基本语法

```
background-attachment: 相对应的属性值;
```

background-attachment的语法说明如下。

background-attachment是属性，其属性值常见的有以下两种。

▌ scroll表示背景图片随着滚动条的移动而移动，是浏览器的默认显示效果。

▌ fixed表示背景图片固定在页面某个区域，是比较常用的一种方式。

background-attachment代码范例

```
<!doctype html>
<html>
<head>
<meta charset="utf-8">
<title>无标题文档</title>
<style>
    div{
        height:300px;
        background-image:url("images/nature1.jpg");
        background-attachment:fixed;
    }
    p{
        height:3000px;
    }
</style>
</head>
<body>
    <div></div>
    <p></p>
</body>
</html>
```

注意　代码书写时要尽可能让页面高度足够高，使浏览器的滚动条出现。使用浏览器浏览以上代码的效果如图9-9所示。

图9-9

知识点 6　background 背景复合样式

设置CSS样式时，HTML 文档中有些元素同时具备多个背景属性，在书写background属性时，可以将背景属性逐个写出来，也可以使用background的复合样式表示，使用背景复合样式可以省去书写大量代码的工作。

background基本语法

```
background: 背景颜色 背景图片 是否平铺 背景关联 背景定位;
```

background代码范例

```
<!doctype html>
<html>
<head>
<meta charset="utf-8">
<title>background</title>
<style>
    div{
        height:300px;
        background:gray url("images/nature8.jpg") no-repeat fixed center top ;
    }
    p{
        height:3000px;
    }
</style>
</head>
<body>
    <div></div>
    <p></p>
</body>
</html>
```

注意 代码中加粗部分指background复合样式的应用。使用浏览器浏览以上代码的效果如图9-10所示。

图9-10

第2节 字体样式

用户在浏览网页时会发现文字有大小、颜色、字体、粗细等各种不同的显示效果。这是设置了字体样式的结果。

知识点 1 color 字体颜色

color一词的中文翻译为颜色，在CSS样式中用于给文字设置颜色。

color 的基本语法

```
color: 色值；
```

color 的语法说明如下。

color 是属性，其属性值常见的有以下两种。

▌ 十六进制的写法，如 color:#f30224;。

▌ 使用表示颜色的英文单词的写法，如 color:red;。

知识点 2 font-family 字体字族

font 一词的中文翻译为字体，family 一词的中文翻译为家庭、家族，这两个单词组成的词组在 CSS 样式中指字体字族。

font-family 字体字族的基本语法

```
font-family: 字体 1, 字体 2, 字体 3……;
```

font-family 字体字族的语法说明如下。

font-family 可以一次性赋予多个属性值，属性值与属性值之间用英文状态下的逗号隔开。浏览器在解析 font-family 属性时是按照属性值的先后顺序来读取的，如果浏览器在读取的过程中找不到第一种字体属性值，则会自动读取第二种字体属性值，以此类推，如果赋予属性值的字体浏览器都找不到，则会采用计算机默认的字体。

font-family 代码范例

```
<!doctype html>
<html>
<head>
<meta charset="UTF-8">
<title> 文字 font</title>
<style>
    p{
        font-family:Gotham,Helvetica Neue,Helvetica,Arial,"sans-serif";
    }
</style>
</head>
<body>
    <p> 学习使我快乐 </p>
</body>
</html>
```

提示 font-family 属性值中，如果是英文的属性值，而这个属性值由多个英文单词组成，则需要用英文状态下的双引号括起来，中文的字体也需要用双引号括起来，例如 font-family: " 微软雅黑 "," sans-serif",Arial;。

知识点 3 font-size 字体大小

font一词的中文翻译为字体，size一词的中文翻译为大小、尺码、尺寸，这两个单词组成的词组在CSS样式中指字体大小。

font-size基本语法

```
font-size: 字体字号;
```

font-size字体大小的语法说明如下。

font-size在书写属性值的时候，需要在具体的文字大小后面配字体单位。

字体的单位有很多，常见的有px、em、rem等，使用最广泛的是px，例如 font-size:36px;。

知识点 4 font-weight 字体粗细

font一词的中文翻译为字体，weight一词的中文翻译为质量、重物，在CSS样式中指字体粗细。

font-weight基本语法

```
font-weight: 加粗 / 正常显示 ;
```

font-weight字体粗细的语法说明如下。

font-weight其属性值常见的有字体加粗bold、字体正常显示normal 和具体数值（100 ~ 900）3种。

▎字体加粗bold。

font- weight代码范例①

```
<!doctype html>
<html>
<head>
<meta charset="UTF-8">
<title> 文字 font</title>
<style>
    p{
      font-size:36px;
      font-weight: bold;
    }
</style>
</head>
<body>
    <p> 学习使我快乐 </p>
</body>
</html>
```

注意　代码中加粗部分指给文字设置加粗效果。使用浏览器浏览以上代码的效果如图9-11所示。

▌ 字体正常显示normal，如果给标题标记添加该属性值，会取消标题标记的加粗效果，例如font-weight:normal;。

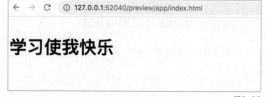

← → C　① 127.0.0.1:52040/preview/app/index.html

学习使我快乐

图9-11

▌ 如果觉得字体使用bold 的属性值显示效果太粗，使用normal的属性值显示效果又太单薄，可以使用具体数值的属性值(100 ~ 900)来表现粗细效果。400等同于normal，700等同于bold。

font-weight代码范例②

```
<!doctype html>
<html>
<head>
<meta charset="UTF-8">
<title> 文字 font</title>
<style>
    p{
        font-size:36px;
        font-weight:800;
    }
</style>
</head>
<body>
    <p> 学习使我快乐 </p>
</body>
</html>
```

注意　代码中加粗部分指给字体设置加粗效果，属性值是具体的数值（100 ~ 900），切记不加单位。使用浏览器浏览以上代码的效果如图9-12所示。

← → C　① 127.0.0.1:52040/preview/app/index.html

学习使我快乐

图9-12

知识点 5 font-variant 变体

font-variant设置字体的变体显示效果，属性值small-caps 表示所有的小写字母会被转换成大写。但是所有使用小型大写字体的字母与其余文本相比，其字体尺寸更小。

font-variant代码范例

```
<!doctype html>
<html>
<head>
<meta charset="UTF-8">
<title> 文字 font</title>
<style>
```

```
    p{
        font-size:36px;
        font-weight:800;
        font-style:italic;
        font-variant:small-caps;
    }
</style>
</head>
<body>
    <p>good good study 学习使我快乐</p>
</body>
</html>
```

注意 代码中加粗部分指给字体设置font-variant效果。使用浏览器浏览以上代码的效果如图9-13所示。未设置小型大写字母的效果如图9-14所示。

图9-13

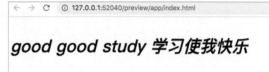

图9-14

观察图9-13和图9-14可以看出，图9-14未使用font-variant属性；图9-13使用了font-variant属性，字体尺寸较小。

知识点 6 font-style 字体风格

font-style设置字体的风格，字体斜体效果用italic表示。

font-style代码范例

```
<!doctype html>
<html>
<head>
<meta charset="UTF-8">
<title> 文字 font</title>
<style>
    p{
        font-size:36px;
        font-weight:800;
        font-style:italic;
    }
</style>
</head>
<body>
    <p> 学习使我快乐 </p>
</body>
</html>
```

注意 代码中加粗部分指给字体设置斜体效果。使用浏览器浏览以上代码的效果如图9-15所示。

← → C　① 127.0.0.1:52040/preview/app/index.html

学习使我快乐

图9-15

知识点 7 font 字体复合样式

当文字需要设置多个属性时，逐个设置太麻烦，不利于提高工作效率，这时可以使用字体的复合样式来设置。

font复合样式基本语法

```
font: font-style |font-variant |font-weight| font-size/line-height |font-family;
```

▌ font-weight用于设置字体的粗细。

▌ font-size/line-height 先设置字体大小再设置字体行高，作为一组来使用，中间用斜线"/"区分。如果没有设置字体行高，则直接设置字体大小。

▌ font-family设置字体字族，多个字体之间用逗号分开。

使用字体复合样式书写时，需要按照font-style、font-variant、font-weight、font-size/line-height、font-family的顺序来写，属性值与属性值之间用空格隔开。如果没有相关属性可省略不写，但font-size和font-family的属性值是必须书写的。

font复合样式代码范例

```
<!doctype html>
<html>
<head>
<meta charset="UTF-8">
<title> 文字 -font</title>
<style>
    p{
        font:italic small-caps bold 30px/60px Arial;
    }
</style>
</head>
<body>
    <p>good good study 学习使我快乐</p>
</body>
</html>
```

注意 代码中加粗部分指font的复合写法，如果没有相关属性可省略不写。使用浏览器浏览以上代码的效果如图9-16所示。

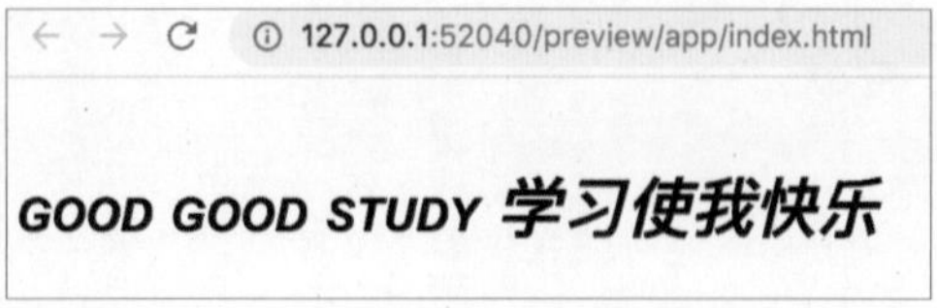

← → C　① 127.0.0.1:52040/preview/app/index.html

GOOD GOOD STUDY **学习使我快乐**

图9-16

第3节 段落样式

网页中多行文字构成了段落。段落文字也有很多对应的样式，例如字间距、词间距和文字的修饰线等。

知识点 1 letter-spacing 字间距

letter一词的中文翻译为字母、字符的意思，spacing一词的中文翻译为间隔，这两个单词组成的词组在CSS样式中指字间距，其属性在中文字体情况下指字与字之间的间距，在英文字体情况下指字母与字母之间的间距。

letter-spacing 基本语法

```
letter-spacing: 间距大小;
```

letter-spacing的语法说明如下。

letter-spacing的属性值可以是正值，也可以是负值，正值会拉开字间距，负值会缩小字间距。

letter-spacing 代码范例

```
<!doctype html>
<html>
<head>
<meta charset="utf-8">
<title>letter-spacing</title>
<style>
    div{
        letter-spacing:20px;
    }
</style>
</head>
<body>
    <div> 好好学习 </div>
</body>
</html>
```

注意 代码中加粗部分指给〈div〉标记的内容设置字间距。使用浏览器浏览以上代码的效果如图9-17所示。

好 好 学 习

图9-17

知识点 2 word-spacing 词间距

word-spacing在CSS样式中指词间距，其属性在英文情况下指单词与单词之间的间距，在中文情况下指词组与词组之间的间距，例如好好 学习，好好和学习中间有个空格，被判断是两个词组，word-spacing调整的是两个词组之间的间距。

word-spacing基本语法

```
word-spacing: 间距大小;
```

word-spacing的语法说明如下。

word-spacing的属性值可以是正值，也可以是负值。

word-spacing代码范例

```
<!doctype html>
<html>
<head>
<meta charset="utf-8">
<title>word-spacing</title>
<style>
    div{
        word-spacing:20px;
    }
</style>
</head>
<body>
    <div> 好好 学习 </div>
</body>
</html>
```

> **注意** 代码中加粗部分指给〈div〉标记的内容设置词组间距。使用浏览器浏览以上代码的效果如图9-18所示。

图9-18

知识点 3 text-decoration 文本修饰

text一词的中文翻译为文本，decoration一词的中文翻译为装饰、修饰，这两个单词组成的词组在CSS样式中指文本修饰。

text-decoration基本语法

```
text-decoration: 装饰类型;
```

text-decoration的语法说明如下。

text-decoration是属性，其属性值常见的有以下4种。

▌ none表示文本没有修饰线。

▌ underline表示为文字设置下划线。

text-decoration 代码范例

```
<!doctype html>
<html>
<head>
<meta charset="UTF-8">
<title> 文字 font</title>
<style>
    p{
        text-decoration: underline;
    }
</style>
</head>
<body>
    <p> 好好学习 </p>
</body>
</html>
```

注意 代码中加粗部分指给文字设置下划线。使用浏览器浏览以上代码的效果如图9-19所示。

```
← → C  ① 127.0.0.1:55016/preview/app/index.html
好好学习
```

图9-19

▌ overline 表示为文本设置上划线。

▌ line-through 表示为文本设置删除线或中划线。

知识点 4 text-transform 文本转换

text 一词的中文翻译为文本，transform 一词的中文翻译为转换，这两个单词组成的词组在CSS样式中指文本大小写转换（只针对英文文本）。

text-transform 基本语法

```
text-transform: 相对应的大小写单词 ;
```

text-transform的语法说明如下。

text- transform是属性，其属性值常见的有以下3种。

▌ uppercase 表示文本全部大写。

text-transform 代码范例①

```
<!doctype html>
<html>
<head>
<meta charset="UTF-8">
<title> 文字 </title>
<style>
    p{
        text-transform:uppercase;
    }
```

```
</style>
</head>
<body>
    <p>good good study </p>
</body>
</html>
```

注意 代码中加粗部分指给〈p〉标记的内容设置文本全部大写。使用浏览器浏览以上代码的效果如图9-20所示。

← → C ① 127.0.0.1:55016/preview/app/index.html

GOOD GOOD STUDY

图9-20

▌ capitalize表示文本首字母大写。

text-transform代码范例②

```
<!doctype html>
<html>
<head>
<meta charset="UTF-8">
<title> 文字 </title>
<style>
    p{
        text-transform: capitalize;
    }
</style>
</head>
<body>
    <p>good good study </p>
</body>
</html>
```

注意 代码中加粗部分指给〈p〉标记的内容设置文本首字母大写。使用浏览器浏览以上代码的效果如图9-21所示。

← → C ① 127.0.0.1:55016/preview/app/index.html

Good Good Study

图9-21

▌ lowercase表示文本全部小写。

知识点 5 text-indent 文本缩进

text一词的中文翻译为文本，indent一词的中文翻译为缩进，这两个单词组成的词组在CSS样式中指文本首行缩进。

text-indent基本语法

```
text-indent: 缩进的间距 ;
```

text-indent代码范例

```
<!doctype html>
<html>
<head>
<meta charset="UTF-8">
<title> 文字 font</title>
<style>
    p{
        text-indent: 40px;
    }
</style>
</head>
<body>
<p> 好好学习，学习使我快乐。好好学习，学习使我快乐。好好学习，学习使我快乐。好好学习，学习
使我快乐。好好学习，学习使我快乐。好好学习，学习使我快乐。好好学习，学习使我快乐。好好学习，
学习使我快乐。好好学习，学习使我快乐。好好学习，学习使我快乐。好好学习，学习使我快乐。</
p>
</body>
</html>
```

注意 代码中加粗部分指给〈p〉标记的内容设置文本首行缩进。使用浏览器浏览以上代码的效果如图
9-22所示。

|← → C ① 127.0.0.1:55016/preview/app/index.html| 🔖 ☆ 😊 ⋮ |

好好学习，学习使我快乐。好好学习，学习使我快乐。好好学习，学习使我快乐。好好学习，学习使我快乐。好好学习，学习使我快乐。好好学习，学习
使我快乐。好好学习，学习使我快乐。好好学习，学习使我快乐。好好学习，学习使我快乐。好好学习，学习使我快乐。好好学习，学习使我快乐。

图9-22

知识点 6 line-height 行高

line一词的中文翻译为线，height一词的中文翻
译为高度，这两个单词组成的词组在CSS样式中指行
高，即一行文本所占的高度，如图9-23所示。

图9-23

line-height基本语法

```
line-height: 行高值 ;
```

line-height代码范例

```
<!doctype html>
<html>
<head>
<meta charset="UTF-8">
<title> 文字 font</title>
<style>
    p{
        line-height: 40px;
    }
</style>
</head>
```

117

```
<body>
<p> 好好学习，学习使我快乐。好好学习，学习使我快乐。好好学习，学习使我快乐。好好学习，学习
使我快乐。好好学习，学习使我快乐。好好学习，学习使我快乐。好好学习，学习使我快乐。好好学习，
学习使我快乐。好好学习，学习使我快乐。好好学习，学习使我快乐。好好学习，学习使我快乐。</
p>
</body>
</html>
```

> **注意** 代码中加粗部分指给〈p〉标记的内容设置文本行高。使用浏览器浏览以上代码的效果如图9-24
> 所示。

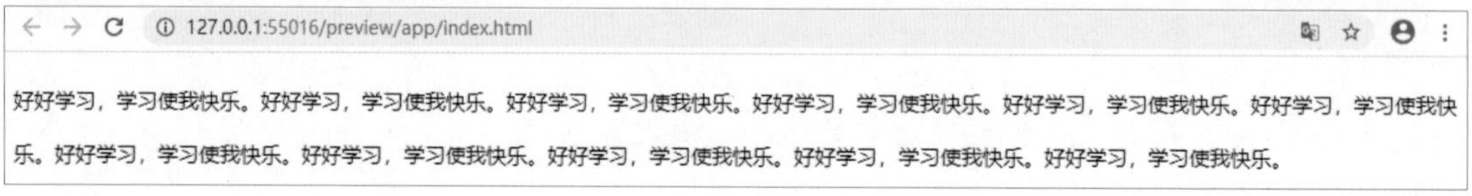

图9-24

知识点 7 text-align 文本水平对齐方式

text一词的中文翻译为文本，align一词的中文翻译为排列，这两个单词组成的词组在CSS样式中指文本水平对齐，类似于Word中的段落对齐方式。

text-align 基本语法

```
text-align: 水平方向值 ;
```

text-align的语法说明如下。

text-align是属性，其属性值常见的有以下3种。

▌ left用于设置文本左对齐（系统默认左对齐）。

▌ center用于设置文本居中对齐。

text-align 代码范例

```
<!doctype html>
<html>
<head>
<meta charset="UTF-8">
<title> 文字 font</title>
<style>
    p{
        text-align: center;
    }
</style>
</head>
<body>
    <p> 好好学习，学习使我快乐。</p>
</body>
</html>
```

注意 代码中加粗部分指给〈p〉标记的内容设置文本水平居中对齐。使用浏览器浏览以上代码的效果如图9-25所示。

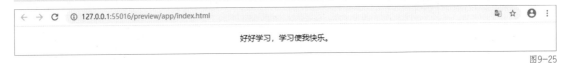

好好学习，学习便我快乐。

图9-25

▌ right用于设置文本右对齐。

第4节 list-style列表样式

list一词的中文翻译为列表，style一词的中文翻译为样式，这两个单词组成的词组在CSS样式中指列表项的外观。

list-style基本语法

```
list-style: 列表项的样式；
```

list-style的属性值常见的有以下两种。

▌ disc 指列表项的项目符号是实心圆（系统默认属性值）。

list-style代码范例①

```
<!doctype html>
<html>
<head>
<meta charset="UTF-8">
<title> 列表 </title>
</head>
<body>
    <ul>
        <li> 列表项 1</li>
        <li> 列表项 2</li>
        <li> 列表项 3</li>
    </ul>
</body>
</html>
```

注意 代码中加粗部分是列表结构，默认的情况下，列表样式为实心圆。使用浏览器浏览以上代码的效果如图9-26所示。

- 列表项1
- 列表项2
- 列表项3

图9-26

▌ none指列表项不使用任何项目符号，即去除列表项默认的样式。

list-style代码范例②

```
<!doctype html>
<html>
<head>
<meta charset="UTF-8">
<title> 列表 </title>
<style>
    li{
        list-style:none;
    }
</style>
</head>
<body>
    <ul>
        <li> 列表项 1</li>
        <li> 列表项 2</li>
        <li> 列表项 3</li>
    </ul>
</body>
</html>
```

注意　代码中加粗部分指列表项去除默认样式。使用浏览器浏览以上代码的效果如图9-27所示。

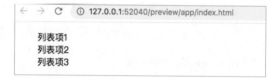

图9-27

第5节　margin外间距样式

margin一词的中文翻译为边缘、空白，在CSS样式中指外间距、外边距或外留白，其属性用来设置区块和区块之间的间距。

知识点 1　margin 使用方位的写法

margin有4个方位属性，分别是margin-top上外间距、margin-right右外间距、margin-bottom下外间距、margin-left左外间距。

▌ margin-top 指区块的上外间距。

margin-top代码范例

```
<!doctype html>
<html>
<head>
<meta charset="UTF-8">
<title>margin-top </title>
<style>
    div{
        width:300px;
```

```
        height: 300px;
        background-color:gray;
        margin-top:50px;
    }
</style>
</head>
<body>
    <div></div>
</body>
</html>
```

注意 代码中加粗部分表示〈div〉标记上方有50px的外间距。以上代码在软件中的预览效果如图9-28所示。

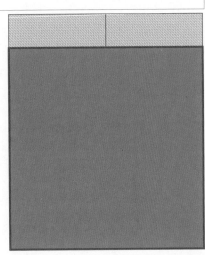

图9-28

- margin-right 指区块的右外间距。

- margin-bottom 指区块的下外间距。

- margin-left 指区块的左外间距。

知识点 2 margin 复合样式

HTML 文档中某区块四周需要同时设置margin属性时，逐个设置太麻烦，不利于提高工作效率，这时可以使用margin复合样式来设置。

- margin写1个属性值。例如margin:50px;，表示区块四周（上、右、下、左4个方向）都有50px的外间距。

margin复合样式代码范例①

```
<!doctype html>
<html>
<head>
<meta charset="UTF-8">
<title>margin 外间距 </title>
<style>
    div{
        width:300px;
        height: 300px;
        background-color:gray;
        margin:50px;
    }
</style>
</head>
<body>
    <div></div>
</body>
</html>
```

代码中加粗部分表示〈div〉标记的4个方向分别有50px的外间距。在软件中预览以上代码的效果如图9-29所示。

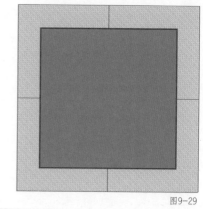

图9-29

▮ margin写2个属性值，属性值与属性值之间需用一个空格隔开。例如margin:50px 100px;，第一个值代表上下方向的外间距是50px，第二个值代表左右方向的外间距是100px。

margin复合样式代码范例②

```
<!doctype html>
<html>
<head>
<meta charset="UTF-8">
<title>margin 外间距 </title>
<style>
    div{
        width:300px;
        height: 300px;
        background-color:gray;
        margin:50px 100px;
    }
</style>
</head>
<body>
    <div></div>
</body>
</html>
```

代码中加粗部分表示〈div〉标记的上下方向分别有50px的外间距，左右方向分别有100px的外间距。在软件中预览以上代码的效果如图9-30所示。

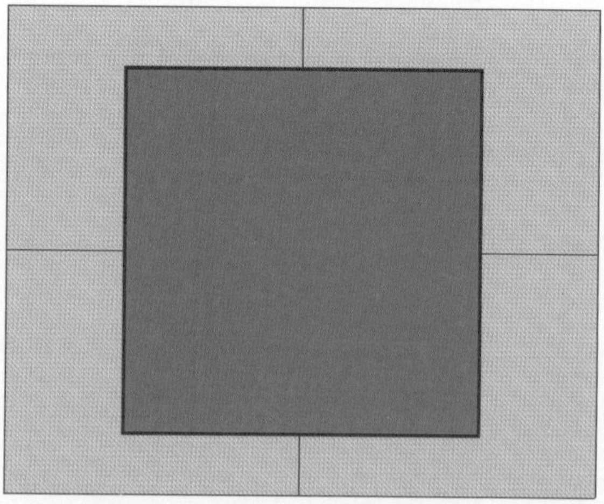

▮ margin写3个属性值，属性值与属性值之间需用空格隔开。例如margin:50px 100px 150px;，第一个值代表上外间距是50px，第二个值代表左右方向的外间距是100px，第三个值代表下外间距是150px。

图9-30

margin复合样式代码范例③

```
<!doctype html>
<html>
<head>
<meta charset="UTF-8">
```

```
<title>margin 外间距 </title>
<style>
    div{
        width:300px;
        height: 300px;
        background-color:gray;
        margin:50px 100px 150px;
    }
</style>
</head>
<body>
    <div></div>
</body>
</html>
```

注意 代码中加粗部分表示〈div〉标记的上方向有50px的外间距，左右方向分别有100px的外间距，下方向有150px的外间距。在软件中预览以上代码的效果如图9-31所示。

▌ margin写4个属性值，属性值与属性值之间需用空格隔开。例如margin:50px 100px 150px 200px;，第一个值代表上外间距是50px，第二个值代表右外间距是100px，第三个值代表下外间距是150px，第四个值代表左外间距是200px。

margin复合样式代码范例④

```
<!doctype html>
<html>
<head>
<meta charset="UTF-8">
<title>margin 外间距 </title>
<style>
    div{
        width:300px;
        height: 300px;
        background-color:gray;
        margin:50px 100px 150px 200px;
    }
</style>
</head>
<body>
    <div></div>
</body>
</html>
```

注意 代码中加粗部分表示〈div〉标记的上方向有50px的外间距，右方向有100px的外间距，下方向有150px的外间距，左方向有200px的外间距。在软件中预览以上代码的效果如图9-32所示。

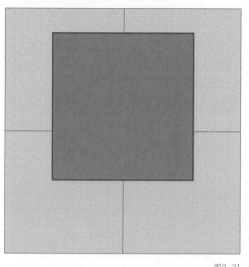

图9-31

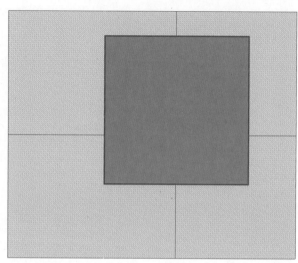

图9-32

第6节　padding内填充样式

padding一词的中文翻译为填充，在CSS样式中指内留白、内填充、内边距，其作用于区块的内容与区块边界的间距。padding的使用方法与margin的使用方法类似。

知识点1　padding 使用方位的写法

padding有4个方位属性，分别是padding-top上内填充、padding-right右内填充、padding-bottom下内填充、padding-left左内填充。

▌padding-top指区块的上内填充。

padding-top代码范例

```
<!doctype html>
<html>
<head>
<meta charset="UTF-8">
<title>padding 内填充 </title>
<style>
    div{
        width:300px;
        height: 300px;
        background-color:gray;
        padding-top:50px;
    }
</style>
</head>
<body>
   <div></div>
</body>
</html>
```

图9-33

> **注意** 代码中加粗部分表示〈div〉标记的内容与区块上边界的内填充为50px。在软件中预览以上代码的效果如图9-33所示。

▌ padding-right指区块的右内填充。

▌ padding-bottom指区块的下内填充。

▌ padding-left指区块的左内填充。

知识点 2 padding 复合样式

padding复合样式的使用方法与margin复合样式的使用方法类似。

▌ padding写1个属性值。例如padding:50px;，表示区块内容与区块边界的四周（上、右、下、左4个方向）都有50px的内填充。

▌ padding写2个属性值，属性值与属性值之间需用空格隔开。例如padding:50px 100px;，第一个值代表上下方向的内填充是50px，第二个值代表左右方向的内填充是100px。

▌ padding写3个属性值，属性值与属性值之间需用空格隔开。例如padding:50px 100px 150px;，第一个值代表上方向的内填充是50px，第二个值代表左右方向的内填充是100px，第三个值代表下方向的内填充是150px。

▌ padding写4个属性值，属性值与属性值之间需用空格隔开。例如padding:50px 100px 150px 200px;，第一个值代表上方向内填充是50px,第二个值代表右方向内填充是100px，第三个值代表下方向内填充是150px，第四个值代表左方向内填充是200px。

第7节 border边框样式

border一词的中文翻译为边界，在CSS样式中指描边、边框。

知识点 1 border 使用方位的写法

border有4个方位属性，分别是border-top上边框、border-right右边框、border-bottom下边框和border-left左边框。

border边框的基本语法

```
border-方位：边框大小 边框颜色 线的类型；
```

▌ border-top指区块的上边框。

border-top代码范例

```
<!doctype html>
<html>
<head>
<meta charset="UTF-8">
<title>border 边框 </title>
<style>
    div{
        width:300px;
        height: 300px;
        background-color:gray;
        border-top:10px red solid;
    }
</style>
</head>
<body>
    <div></div>
</body>
</html>
```

> **注意** 代码中加粗部分表示区块的上边框大小为10px，颜色为红色，线类型为实线。使用浏览器浏览以上代码的效果如图9-34所示。

- border-right指区块的右边框。
- border-bottom指区块的下边框。
- border-left指区块的左边框。

知识点 2 border 复合样式

图9-34

border复合样式写法相对于使用单个方位的写法，减少了代码量，提高了工作效率。

border复合样式基本语法

```
border: 边框大小 边框颜色 线的类型 ;
```

例如border:10px red solid;，表示区块四周大小为10px、颜色为红色、线类型为实线的边框。在书写时，边框颜色和线的类型可互换位置。

border复合样式代码范例①

```
<!doctype html>
<html>
<head>
<meta charset="UTF-8">
<title>border 边框 </title>
<style>
    div{
        width:300px;
```

```
        height: 300px;
        background-color:gray;
        border:10px red solid;
    }
</style>
</head>
<body>
    <div></div>
</body>
</html>
```

注意 代码中加粗部分表示区块四周有大小为10px、颜色为红色、线类型为实线的边框。使用浏览器浏览以上代码的效果如图9-35所示。

border边框样式常见的线类型有以下3种。

▌ solid表示线类型为实线。

▌ dotted表示线类型为点状的虚线。

border复合样式代码范例②

图9-35

```
<!doctype html>
<html>
<head>
<meta charset="UTF-8">
<title>border 线类型 </title>
<style>
    div{
        width:300px;
        height: 300px;
        background-color:gray;
        border:10px red dotted;
    }
</style>
</head>
<body>
    <div></div>
</body>
</html>
```

注意 代码中加粗部分表示区块的边框大小为10px，颜色为红色，线的类型为点状虚线。使用浏览器浏览以上代码的效果如图9-36所示。

▌ dashed指线类型为块状的虚线。

border复合样式代码范例③

图9-36

```
<!doctype html>
<html>
<head>
```

```
<meta charset="UTF-8">
<title>border 线类型 </title>
<style>
    div{
        width:300px;
        height: 300px;
        background-color:gray;
        border:10px red dashed;
    }
</style>
</head>
<body>
    <div></div>
</body>
</html>
```

注意 代码中加粗部分表示区块的边框大小为10px，颜色为红色，线的类型为块状虚线。使用浏览器浏览以上代码的效果如图9-37所示。

图9-37

第8节 float浮动样式

float一词的中文翻译为浮动，在CSS样式中，其属性用于实现区块水平布局。

<div>标记默认的布局是独占一行的，如果想要两个或多个<div>标记在同一行显示，则需要使用float属性来实现。

float浮动样式基本语法

```
float: 方向 ;
```

float浮动样式的语法说明如下。

float是属性，其属性值常见的有以下3种。

❚ left表示元素左浮动。

❚ right表示元素右浮动。

❚ none表示元素没有浮动或取消浮动。

<div>标记默认布局代码范例

```
<!doctype html>
<html>
<head>
<meta charset="UTF-8">
<title><div> 标记默认布局 </title>
<style>
    .box{
```

```
        width:600px;
        height:600px;
        background-color:gray;
    }
    .left{
        width:150px;
        height:150px;
        background-color:red;
    }
    .right{
        width:200px;
        height:150px;
        background-color:blue;
    }
</style>
</head>
<body>
    <div class="box">
        <div class="left"></div>
        <div class="right"></div>
    </div>
</body>
```

注意 上述代码指默认情况下，〈div〉标记的布局为独占一行。使用浏览器浏览以上代码的效果如图9-38所示。

观察图9-38可以看出，<div>标记的默认布局是独占一行的，如果想实现水平布局，则需要使用float属性，代码书写如下所示。

图9-38

float 浮动样式代码范例

```
<!doctype html>
<html>
<head>
<meta charset="UTF-8">
<title>float 浮动 </title>
<style>
    .box{
        width:600px;
        height:600px;
        background-color:gray;
    }
    .left{
        width:150px;
        height:150px;
```

```
        background-color:red;
        float:left;
    }
    .right{
        width:200px;
        height:150px;
        background-color:blue;
        float:right;
    }
</style>
</head>
<body>
    <div class="box">
        <div class="left"></div>
        <div class="right"></div>
    </div>

</body>
```

注意 代码中加粗部分表示给名为left的区块设置左浮动，给名为right的区块设置右浮动。使用浏览器浏览以上代码的效果如图9-39所示。

图9-39

第9节 position定位样式

position一词的中文翻译为位置，在CSS样式中用于控制元素的定位方式。

position是属性，其属性值常见的有absolute绝对定位、relative相对定位和fixed固定定位。

知识点1 absolute 绝对定位

absolute一词的中文翻译为绝对的，在position属性中表示绝对定位。

absolute绝对定位的基本语法

```
position:absolute;
```

absolute绝对定位的语法说明如下。

absolute绝对定位参考浏览器窗口的4个坐标点进行位置定位。

浏览器窗口的4个坐标点分别为左上角(left:0;top:0;)、右上角(right:0;top:0;)、左下角(left:0;bottom:0;)和右下角(right:0;bottom:0;)。

absolute绝对定位中的坐标分为水平方向和垂直方向，水平方向有left和right，垂直方向有top和bottom。

使用水平方向和垂直方向进行精确定位时需要各写一个值。

absolute绝对定位代码范例

```
<!doctype html>
<html>
<head>
<meta charset="UTF-8">
<title>position:absolute;</title>
<style>
    .box{
        width:600px;
        height:600px;
        background-color:gray;
    }
    .box1{
        width:150px;
        height:150px;
        background-color:red;
        position:absolute;
        left:472px;
        top:478px;
    }
</style>
</head>
<body>
    <div class="box">
        <div class="box1"></div>
    </div>
</body>
</html>
```

注意 代码中加粗部分指名为box1的区块距离浏览器左边界472px，距离浏览器上边界478px。使用浏览器浏览以上代码的效果如图9-40所示。

　　观察图9-40可以看出，使用了绝对定位的元素不占位，并且可以覆盖在其他元素之上。

　　使用了绝对定位的元素，如果不设置宽度，宽度将由内容来撑开，如图9-41所示。

图9-40

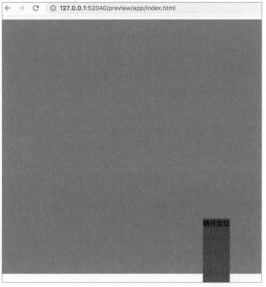

图9-41

通过上述代码范例可以发现，使用了绝对定位的元素是相对于浏览器窗口进行位置定位的，如果该元素想要相对于自己的父级元素进行定位，则需要在父级元素的样式中添加相对定位，即position:relative; 。

知识点 2 relative 相对定位

relative 一词的中文翻译为相对的，在 position 属性中表示相对定位。

relative 相对定位基本语法

```
position:relative;
```

relative 相对定位与绝对定位配合使用，相对定位一般用在页面固定的区块。

relative 相对定位代码范例

```
<head>
<meta charset="UTF-8">
<title>position</title>
<style>
    .box{
        width:600px;
        height:600px;
        background-color:gray;
        position:relative;
    }
    .box1{
        width:150px;
        height:150px;
        background-color:red;
        position:absolute;
        right:0;
        bottom:0;
}
</style>
</head>
<body>
    <div class="box">
        <div class="box1"></div>
        </div>
</body>
</html>
```

注意 代码中加粗部分指名为box1的区块，参考名为box的区块，放在box区块的右下角位置。使用浏览器浏览以上代码的效果如图9-42所示。

使用了相对定位的元素是占位的，默认还在原来位置，使用定位属性后坐标会相对于原来位置发生位移。

relative相对定位代码范例

```
<!doctype html>
<html>
<head>
<meta charset="UTF-8">
<title>position</title>
<style>
    .box{
        width:600px;
        height:600px;
        background-color:gray;
        position:relative;
        left:100px;
        top:100px;
    }
</style>
</head>
<body>
    <div class="box"></div>
</body>
</html>
```

> **注意** 代码中加粗部分指名为box的区块在原来位置的基础上发生位移。使用浏览器浏览以上代码的效果如图9-43所示。

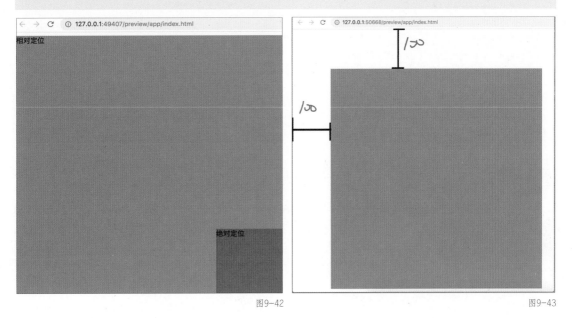

图9-42   图9-43

知识点 3 fixed 固定定位

fixed一词的中文翻译为固定，在position属性中表示固定定位。

fixed固定定位基本语法

```
position:fixed;
```

fixed固定定位的语法说明如下。

使用了固定定位的元素不占位。

使用了固定定位的元素会固定在页面某个位置，不会随着滚动条的移动而产生位置上的变化。

fixed固定定位代码范例①

```
<!doctype html>
<html>
<head>
<meta charset="UTF-8">
<title>position</title>
<style>
    div{
        width:300px;
        height:100px;
        background-color:red;
        position:fixed;
        top:0;
        left:0;
    }
    p{
        height:5000px;
    }
</style>
</head>

<body>
    <div></div>
    <p></p>
</body>
</html>
```

注意 代码中加粗部分是固定定位的应用。使用浏览器浏览以上代码的效果如图9-44所示。

图9-44

使用了固定定位的元素，不设置宽度属性，元素的宽度将由内容撑开。

fixed固定定位代码范例②

```
<!doctype html>
<html>
<head>
<meta charset="UTF-8">
```

```
<title>position</title>
<style>
    div{
        height:100px;
        background-color:red;
        position: fixed;
        top:0;
        left:0;
    }
</style>
</head>
<body>
    <div> 好好学习 </div>
</body>
</html>
```

注意 代码中加粗部分表示使用了固定定位的区块没有设置宽度属性，其宽度将由内容撑开。使用浏览器浏览以上代码的效果如图9-45所示。

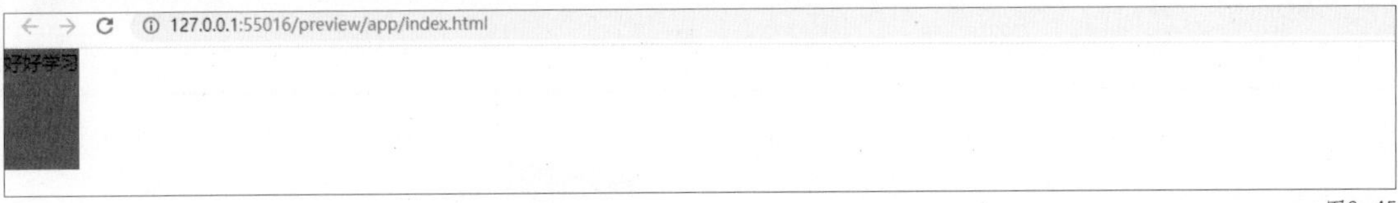

图9-45

第10节 z-index提升层级

z-index是针对网页显示的一个特殊属性，用于设置元素的上下层叠放顺序，拥有更高叠放顺序的元素总是会处于叠放顺序较低的元素的上层。

z-index 属性仅能在定位元素上生效。

z-index属性基本语法

```
z-index: 具体数值;
```

z-index 属性的语法说明如下。

z-index的属性值为不带单位的整数值，可以为负数。

绝对定位代码范例

```
<!doctype html>
<html>
<head>
<meta charset="UTF-8">
<title>z-index</title>
<style>
    .box1{
        width: 120px;
```

```
            height: 100px;
            background-color:orange;
            position:absolute;
            left:0;
            top:0;
            }
        .box2{
            width: 80px;
            height: 150px;
            background-color:red;
            position:absolute;
            left:0;
            top:0;
            }
</style>
</head>
<body>
    <div class="box1"></div>
    <div class="box2"></div>
</body>
</html>
```

注意　代码中加粗部分表示分别给名为box1和box2的元素设置绝对定位。使用浏览器浏览以上代码的效果如图9-46所示。

图9-46

　　观察图9-46可以看出，名为box2的元素在box1元素上层，如果想要将名为box1的元素叠放在box2元素上层，则需要使用z-index属性来提升层叠顺序。

z-index属性代码范例

```
<!doctype html>
<html>
<head>
<meta charset="UTF-8">
<title>z-index</title>
<style>
        .box1{
            width: 120px;
            height: 100px;
            background-color:orange;
            position:absolute;
            left:0;
            top:0;
            z-index:9;
            }
        .box2{
            width: 80px;
            height: 150px;
```

```
                background-color:red;
                position:absolute;
                left:0;
                top:0;
                }
</style>
</head>
<body>
    <div class="box1"></div>
    <div class="box2"></div>
</body>
</html>
```

注意 代码中加粗部分指分别给名为box1和box2的元素设置绝对定位，并且使用z-index属性来提升box1的层级顺序。使用浏览器浏览以上代码的效果如图9-47所示。

图9-47

z-index属性有以下特征。

▌ z-index属性仅适用于定位元素，即拥有relative、absolute、fixed属性值的元素。

▌ z-index的属性值指当前元素在z轴上的值，数值越大，层叠顺序越高，越靠近上层。

▌ z-index的属性值只给具体数值，不需要带单位，例如z-index:99;，最大值为2147483647，最小值为-2147483648，正值提升层叠顺序，负值降低层叠顺序。

▌ 在低版本的IE浏览器下，z-index默认值为0，其他浏览器中它的默认值为auto，如果没有设置z-index值或者值一样，则后面的元素可以压住前面的元素。

▌ 从父原则，父级元素的z-index层级影响子级元素的层级。通俗来说，如果父级元素的z-index值较小，被其他元素压住，则子级元素也会被压住。

第11节 cursor光标样式

cursor一词的中文翻译为光标，其属性用于规定要显示的光标的类型。

cursor光标样式基本语法

```
cursor: 光标类型 ;
```

cursor是属性，其属性值常见的是pointer（手型）。

cursor光标样式代码范例

```
<!doctype html>
<html>
<head>
<meta charset="UTF-8">
```

```
<title>cursor </title>
<style>
    p{
        cursor:pointer;
    }
</style>
</head>
<body>
    <p> 学习使我快乐 </p>
</body>
</html>
```

注意　代码中加粗部分指鼠标指针悬停在文字上时，光标呈现手型。使用浏览器浏览以上代码的效果如图9-48所示。

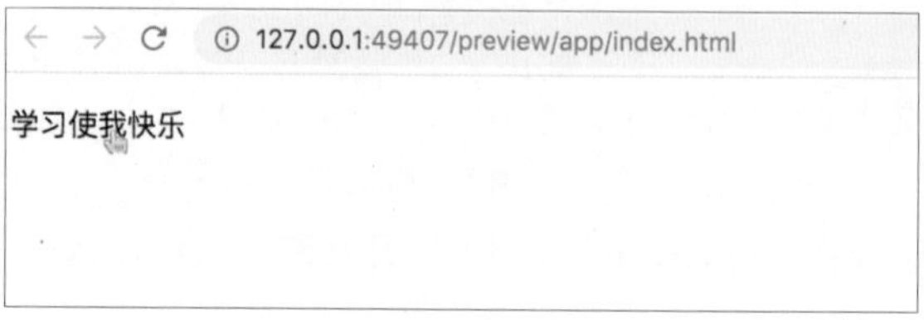

图9-48

第12节　其他样式

在CSS样式中，除了上述常用的属性外还有一些其他的属性。

知识点 1　overflow 溢出

overflow一词的中文翻译为溢出，在CSS样式中用来设置区块内容溢出时发生的变化。overflow是属性，其属性值常见的有以下3种。

▌hidden表示区块内容溢出后隐藏，内容会被修剪，超出区块的内容不可见。

overflow溢出代码范例①

```
<!doctype html>
<html>
<head>
<meta charset="UTF-8">
<title>overflow</title>
<style>
    p{
        height:200px;
        width:200px;
        background-color:gray;
        overflow: hidden;
    }
</style>
</head>
<body>
    <p>
火星时代教育官网 _ 好口碑 CG 数字艺术设计职业教育培训机构火星时代教育成立于 1993 年，专注 CG
数字艺术设计教育，致力提供 UI 设计培训、影视特效培训、影视后期培训、室内设计培训、游戏原画培训、
```

平面设计培训、VR视效、数字艺术学历等课程。秉承"帮助更多的人实现梦想"为使命的办学宗旨，先后在北京、上海、广州、深圳、杭州、重庆、济南、成都、厦门、南京、西安、武汉、郑州、济南开设校区，已成就数百万人的CG电脑动画梦想。
```
    </p>
</body>
</html>
```

> **注意** 代码中加粗部分表示超出〈p〉标记范围的内容将被隐藏。使用浏览器浏览以上代码的效果如图9-49所示。

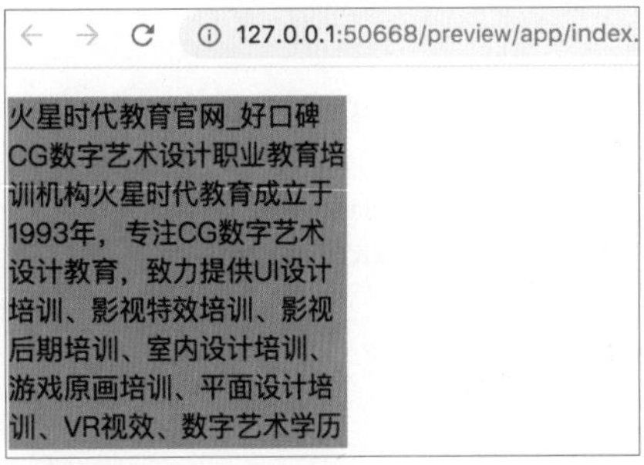

图9-49

▎scroll指出现滚动条，超出区块的内容，拖动滚动条可以查看。

overflow溢出代码范例②

```
<!doctype html>
<html>
<head>
<meta charset="UTF-8">
<title>overflow</title>
<style>
    p{
        height:200px;
        width:200px;
        background-color:gray;
        overflow: scroll;
    }
</style>
</head>
<body>
    <p>
火星时代教育官网＿好口碑CG数字艺术设计职业教育培训机构火星时代教育成立于1993年，专注CG数字艺术设计教育，致力提供UI设计培训、影视特效培训、影视后期培训、室内设计培训、游戏原画培训、平面设计培训、VR视效、数字艺术学历等课程。秉承"帮助更多的人实现梦想"为使命的办学宗旨，先后在北京、上海、广州、深圳、杭州、重庆、济南、成都、厦门、南京、西安、武汉、郑州、济南开设校区，已成就数百万人的CG电脑动画梦想。
    </p>
</body>
</html>
```

> **注意** 代码中加粗部分表示内容超出〈p〉标记范围后将出现滚动条，以方便用户查看。使用浏览器浏览以上代码的效果如图9-50所示。

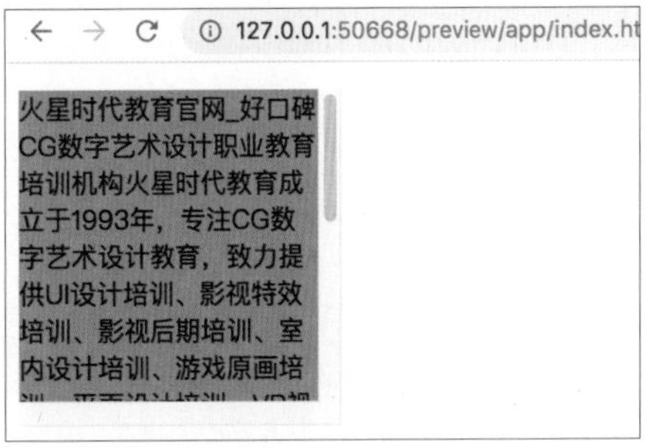

图9-50

▎auto表示根据区块内容自动判断，内容不超出区块范围会正常显示，内容超出区块，将会出现滚动条，超出区块的内容拖动滚动条可以查看。

overflow溢出代码范例③

```
<!doctype html>
<html>
<head>
<meta charset="UTF-8">
<title>overflow</title>
<style>
    p{
        height:200px;
        width:200px;
        background-color:gray;
        overflow:auto;
    }
</style>
</head>
<body>
    <p>
火星时代教育官网 _ 好口碑 CG 数字艺术设计职业教育培训机构火星时代教育成立于 1993 年，专注 CG
数字艺术设计教育，致力提供 UI 设计培训、影视特效培训、影视后期培训、室内设计培训、游戏原画培训、
平面设计培训、VR 视效、数字艺术学历等课程。秉承"帮助更多的人实现梦想"为使命的办学宗旨，
先后在北京、上海、广州、深圳、杭州、重庆、济南、成都、厦门、南京、西安、武汉、郑州、济南开
设校区，已成就数百万人的 CG 电脑动画梦想。
    </p>
</body>
</html>
```

注意 代码中加粗部分表示内容根据〈p〉标记的范围自动判断，内容未超出区块范围会正常显示，内容超出区块范围将会出现滚动条，以方便用户查看。使用浏览器浏览以上代码的效果如图9-51所示。

图9-51

知识点 2 min-width 最小宽度

　　min一词的中文翻译为最小值，width一词的中文翻译为宽度，min-width词组的翻译为最小宽度。

　　min-width用于定义元素的最小宽度，元素的宽度可以比指定的值宽，但不能比其窄，其属性值不可以指定负值。

min-width代码范例

```
<!doctype html>
<html>
<head>
<meta charset="UTF-8">
<title>min-width</title>
<style>
    .pic{
        min-width:500px;
```

```
    }
</style>
</head>
<body>
    <div>原图片大小：宽240px，高151px。<br><br>
    <img src="images/img.jpg">
    </div>
    <div>设置图片最小宽为500px，则图片会自动等比放大到宽500px。<br><br>
    <img src="images/img. jpg " class="pic">
    </div>
</body>
</html>
```

注意 代码中加粗部分表示给名为pic的元素设置最小宽为500px。使用浏览器浏览以上代码的效果如图9-52所示。

知识点 3　max-width 最大宽度

max一词的中文翻译为最大值，width一词的中文翻译为宽度，max-width词组的翻译为最大宽度。

max-width用于定义元素的最大宽度，元素的宽度可以比指定的值窄，但不能比其宽，其属性值不可以指定负值。

图9-52

max-width代码范例

```
<!doctype html>
<html>
<head>
<meta charset="UTF-8">
<title>max-width</title>
<style>
    .pic{
        max-width:200px;
    }
</style>
</head>
<body>
    <div>原图片大小：宽473px，高256px。<br><br>
    <img src="images/img2.jpg">
    </div>
    <div>设置图片最大宽为200px，则图片会自动等比缩小到宽200px。<br><br>
    <img src="images/img2.jpg" class="pic">
    </div>
</body>
</html>
```

141

注意 代码中加粗部分表示给名为pic的元素设置
最大宽为200px。使用浏览器浏览以上代码的效
果如图9-53所示。

知识点4 vertical-align 垂直对齐

vertical一词的中文翻译为垂直，align
一词的中文翻译为对齐，vertical-align词组
的翻译为垂直对齐。vertical-align用于定义
元素的垂直对齐方式，其对<a>、<span>、
<img>、<input>、<textarea>等标记生效。
vertical-align的属性值常用的有top、middle
和bottom 3种。

原图片大小:宽473px, 高256px。

设置图片最大宽为200px,则图片会自动等比缩小到宽200px。

图9-53

input type代码范例

```
<!doctype html>
<html>
<head>
<meta charset="UTF-8">
<title>vertical-align</title>
</head>
<body>
    <form>
        <input type="text"value=" 请输入关键字 "><input type="button">
    </form>
</body>
</html>
```

注意 代码中加粗部分表示form表单的两个input输入文本框。使用浏览器浏览以上代码的效果如图
9-54所示。

观察图9-54可以看出，两个input输
入文本框没有垂直对齐，可以使用vertical-
align属性设置输入文本框的对齐方式。

请输入关键字

图9-54

vertical-align代码范例

```
<!doctype html>
<html>
<head>
<meta charset="UTF-8">
<title>Vertical-align</title>
<style>
        input{
            vertical-align:middle;
        }
</style>
</head>
<body>
```

```
    <form>
        <input type="text" value=" 请输入关键字 "><input type="button">
</form>
</body>
</html>
```

注意 代码中加粗部分表示给两个input输入文本框设置垂直居中对齐。使用浏览器浏览以上代码的效果如图9-55所示。

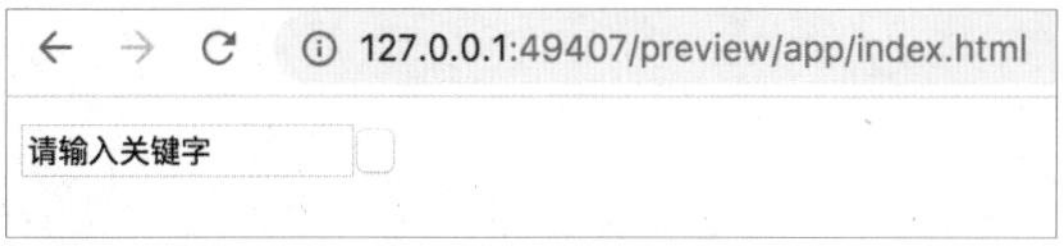

图9-55

本课练习题

1. 填空题

（1）背景颜色属性为＿＿＿＿＿＿，背景图片属性为＿＿＿＿＿＿，背景位置属性为＿＿＿＿＿＿。

（2）字间距属性为＿＿＿＿＿＿，词间距属性为＿＿＿＿＿＿。

（3）手型光标的写法为＿＿＿＿＿＿。

参考答案

（1）background-color; background-image; background-position。

（2）letter-spacing; word-spacing。

（3）cursor:pointer。

2. 操作题

（1）回顾本课第2节和第3节知识点，制作图9-56所示的网页效果。

图9-56

操作题要点提示

本练习是字体属性的综合应用，其中涉及color、font-szie、font-family、text-align等知识点。其中，文字大小为20px，字体为微软雅黑。

（2）回顾本课第1节~第7节知识点，制作图9-57所示的网页效果。

操作题要点提示

本练习是CSS样式中常见属性的综合应用，其中涉及width、height、padding、border和background-color等知识点。其中，图中元素的宽高分别是150px，元素的内容与元素左边界有20px的内填充，边框的粗细是2px。

图9-57

CSS技巧精讲

要想学好CSS，除了熟悉各种样式的使用外，还需要深层次了解CSS的原理和规则。本课将对CSS做深入讲解，学习本课可以掌握CSS技巧，对CSS有更清楚的认识。

本课知识要点
- ◆ 选择器的优先级
- ◆ margin-top属性
- ◆ 标记类型
- ◆ 盒模型

第1节 选择器的优先级

学习前面章节后可以知道，给标记赋予样式离不开选择器。在使用选择器的过程中会发现多个选择器可以对同一个标记进行同一样式的设置。

选择器优先级代码范例①

```
<!doctype html>
<html>
<head>
<meta charset="UTF-8">
<title> 选择器优先级 </title>
<style>
    .box p{
        color:red;
    }
    p{
        color:blue;
    }
</style>
</head>
<body>
  <div class="box">
    <p> 选择器的优先级 </p>
  </div>
</body>
</html>
```

> **注意** 代码中加粗部分指给〈p〉标记设置文字颜色。使用浏览器浏览以上代码的效果如图10-1所示。

选择器的优先级

图10-1

观察图10-1可以看出，属性值red生效。为什么不是属性值blue生效呢？这涉及CSS选择器优先级权重的比较。

CSS选择器权重规则如下。

id选择器权重最大，class选择器次之，标记选择器权重最小，即id选择器>class选择器>标记选择器。

下面通过3个小案例来加深大家对CSS选择器优先级权重的理解。

📝 **案例1**

选择器优先级代码范例②

```
<!doctype html>
<html>
<head>
```

```
<meta charset="UTF-8">
<title>选择器优先级</title>
<style>
    #box p{
        color:red;
        }
    .list .list1 .news{
        color:blue;
        }
</style>
</head>
<body>
    <div id="box">
        <ul class="list">
            <li class="list1">
                <p class="news">选择器优先级案例 1</p>
            </li>
        </ul>
    </div>
</body>
</html>
```

注意　上述代码中哪一个样式会生效呢？答案是第一个样式。按照选择器优先级的规则，id选择器最大，一个id选择器抵得上无数个class选择器。使用浏览器浏览以上代码的效果如图10-2所示。

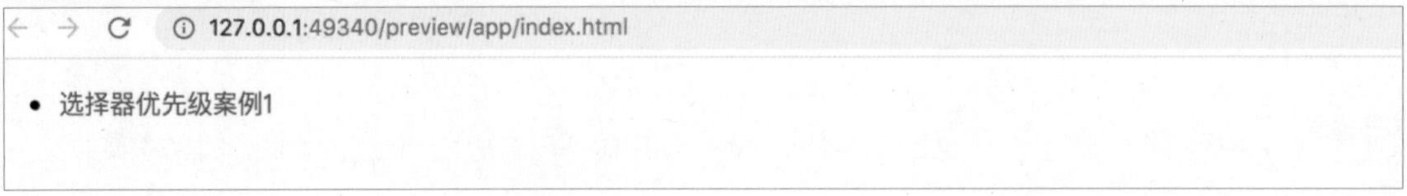

```
← → C  ① 127.0.0.1:49340/preview/app/index.html
```

● 选择器优先级案例1

图10-2

☑ 案例2

选择器优先级代码范例③

```
<!doctype html>
<html>
<head>
<meta charset="UTF-8">
<title>选择器优先级</title>
<style>
        #box #list p{
            color:red;
        }
        #box .list1 .news{
            color:blue;
        }
</style>
</head>
<body>
    <div id="box">
```

```
            <ul id="list">
                <li class="list1">
                    <p class="news">选择器优先级案例2</p>
                </li>
            </ul>
        </div>
    </body>
</html>
```

注意 上述代码中哪一个样式会生效呢？答案是第一个样式。如果都有id选择器，那就看谁的数量多，第一个样式有两个id选择器，第二个样式只有一个id选择器，所以第一个样式会优先起作用。使用浏览器浏览以上代码的效果如图10-3所示。

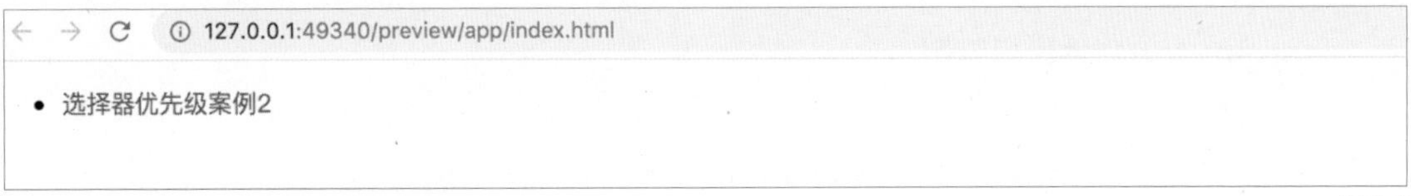

← → C ① 127.0.0.1:49340/preview/app/index.html

● 选择器优先级案例2

图10-3

📝 案例3

选择器优先级代码范例④

```
<!doctype html>
<html>
<head>
<meta charset="UTF-8">
<title>选择器优先级</title>
<style>
        .box .list .list1 .news{
            color:red;
        }
        .box .list .list1 p{
            color:blue;
        }
</style>
</head>
<body>
    <div class="box">
        <ul class="list">
            <li class="list1">
                <p class="news">选择器优先级案例3</p>
            </li>
        </ul>
    </div>
</body>
</html>
```

注意 上述代码中哪一个样式会生效呢？答案是第一个样式。第一个样式有 4个class选择器，第二个样式只有3个class选择器。使用浏览器浏览以上代码的效果如图10-4所示。

```
←  →  C  ⓘ 127.0.0.1:49340/preview/app/index.html
```
- 选择器优先级案例3

图10-4

第2节 margin-top属性

margin-top属性指元素的上外间距，对初学者而言，margin-top属性不太好掌握。

父子级结构的区块，赋予第一个子级margin-top属性，浏览器在解析时会把margin-top值传递给父级，代码如下所示。

margin-top属性代码范例

```html
<!doctype html>
<html>
<head>
<meta charset="UTF-8">
<title>margin-top 常见问题 </title>
<style>
    .parent{
        width:200px;
        height: 200px;
        background-color:gray;
    }
    .son{
        width:80px;
        height: 80px;
        background-color:red;
        margin-top:50px;
    }
</style>
</head>
<body>
   <div class="parent">
       <div class="son"></div>
   </div>
</body>
</html>
```

注意 代码中加粗部分指给子级son赋予margin-top属性值。使用浏览器浏览以上代码的效果如图10-5所示。

观察图10-5可以看出，父级区块上部距离浏览器窗口50px,浏览器在解析时把子级区块的margin-top属性值传递给了父级。

怎样才能实现子级区块上部和父级区块之间的间距呢？可以换一种思路，给父级区块添加padding-top属性，代码如下所示。

图10-5

padding-top属性代码范例

```
<!doctype html>
<html>
<head>
<meta charset="UTF-8">
<title>margin-top 常见问题 </title>
<style>


        .parent{
            width:200px;
            height: 150px;
            background-color:gray;
            padding-top:50px;
        }
        .son{
            width:80px;
            height: 80px;
            background-color:red;
        }
</style>
</head>
<body>
    <div class="parent">
        <div class="son"></div>
    </div>
</body>
</html>
```

使用浏览器浏览以上代码的效果如图10-6所示。

以下情况中margin-top的属性值不会传递给父级区块。

▌ 子级是浮动（float）元素时，子级的margin-top属性不会传递给父级区块。

▌ 父级区块有上边框（border-top）属性时，子级的margin-top属性不会传递给父级区块。

▌ 父级区块有上内填充（padding-top）属性时，子级的margin-top属性不会传递给父级区块。

图10-6

▌ 子级区块有绝对和固定定位属性时，子级的margin-top属性不会传递给父级区块。

▌ 父级区块有内容溢出（overflow:hidden）属性时，子级的margin-top属性不会传递给父级区块。

上下布局的两个区块：上面区块给margin-bottom值；下面区块给margin-top值；间距值取最大值，不会叠加。

margin-bottom和margin-top属性代码范例

```
<!doctype html>
<html>
<head>
<meta charset="UTF-8">
<title>margin-bottom 和 margin-top 常见问题 </title>
<style>

    .box1{
        width:200px;
        height:200px;
        background-color:aqua;
        margin-bottom: 70px;
    }
    .box2{
        width:200px;
        height:200px;
        background-color:aquamarine;
        margin-top:30px;
    }
</style>
</head>

<body>
   <div class="box1"></div>
   <div class="box2"></div>
</body>
</html>
```

> **注意** 代码中加粗部分指名为box1的区块和名为box2的区块分别设置了间距属性，这两个区块的间距理论上说应该是70px+30px=100px，但是在Dreamweaver 2020中预览效果为70px，如图10-7所示。

观察图10-7可以看出，margin-top和 margin-bottom同时表示一段间距时，间距值取最大值，不会叠加。

第3节 标记类型

在前面的章节里提到了很多标记，如<div>、<h>、<p>、<ul>、<li>、<a>、<span>和<img>等，这些标记从性质上分为行级标记、块级标记和行块级标记。

知识点 1 行级标记

图10-7

行级标记也叫内联元素、行级元素。行级标记指标记按行逐一显示，前后不会自动换行。在HTML标记中，<a>标记与其他标记在性质上不一样，举例说明如下。

▌<a>标记识别边框属性。

行级标记代码范例①

```
<!doctype html>
<html>
<head>
<meta charset="UTF-8">
<title> 行级标记测试 </title>
<style>
    a{
        text-decoration:none;
        border:1px red solid;
    }
</style>
</head>
<body>
    <a href="#"> 标记测试 </a>
</body>
</html>
```

注意 代码中加粗部分指给〈a〉标记赋予边框属性，由此得出〈a〉标记识别边框。使用浏览器浏览以上代码的效果如图10-8所示。

← → C ⓘ 127.0.0.1:64719/preview/app/index.htm

标记测试

图10-8

▌ a 标记不识别宽高属性。

行级标记代码范例②

```
<!doctype html>
<html>
<head>
<meta charset="UTF-8">
<title> 行级标记测试 </title>
<style>
    a{
        text-decoration:none;
        border:1px red solid;
        width: 200px;
        height: 50px;
    }
</style>
</head>
<body>
<a href="#"> 标记测试 </a>
</body>
</html>
```

注意 代码中加粗部分指给〈a〉标记设置宽高属性，由此得出〈a〉标记不识别宽高属性。使用浏览器浏览以上代码的效果如图10-9所示。

← → C ⓘ 127.0.0.1:64719/preview/app/index.htm

标记测试

图10-9

▌ <a>标记识别左右方位的margin属性，不识别上下方位的margin属性。

行级标记代码范例③

```
<!doctype html>
<html>
<head>
<meta charset="UTF-8">
<title>行级标记测试</title>
<style>
    a{
        text-decoration:none;
        border:1px red solid;
        margin:50px;
    }
</style>
</head>
<body>
    <a href="#">标记测试</a>
</body>
</html>
```

注意 代码中加粗部分指给〈a〉标记设置margin属性，由此得出〈a〉标记识别左右方位的margin属性，不识别上下方位的margin属性。使用浏览器浏览以上代码的效果如图10-10所示。

图10-10

▌ <a>标记识别左右方位的padding属性，不识别上下方位的padding属性。

行级标记代码范例④

```
<!doctype html>
<html>
<head>
<meta charset="UTF-8">
<title>行级标记测试</title>
<style>
    a{
        text-decoration:none;
        padding:50px;
    }
</style>
</head>
<body>
    <a href="#">标记测试</a>
    <div>标记测试</div>
</body>
</html>
```

注意 代码中加粗部分指给〈a〉标记设置padding属性，由此得出〈a〉标记识别左右方位的padding属性，不识别上下方位的padding属性。使用浏览器浏览以上代码的效果如图10-11所示。

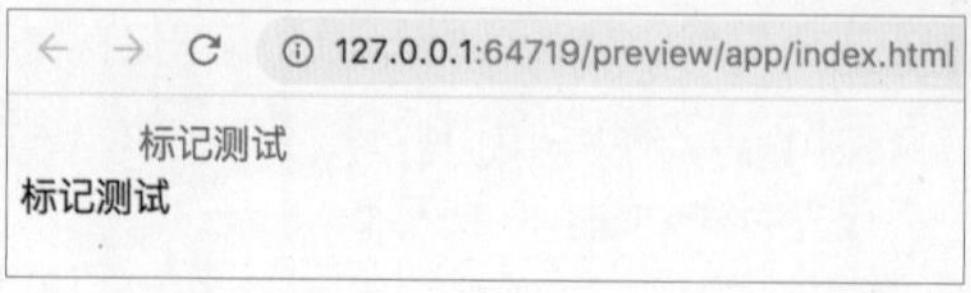

图10-11

▌ <a>标记水平显示。

行级标记代码范例⑤

```
<!doctype html>
<html>
<head>
<meta charset="UTF-8">
<title> 行级标记测试 </title>
<style>
    a{
        text-decoration:none;
        border:1px red solid;
    }
</style>
</head>

<body>
    <a href="#"> 标记测试 </a><a href="#"> 标记测试 </a>
</body>
</html>
```

注意 代码中加粗部分指两个〈a〉标记在同一行显示。使用浏览器浏览以上代码的效果如图10-12所示。

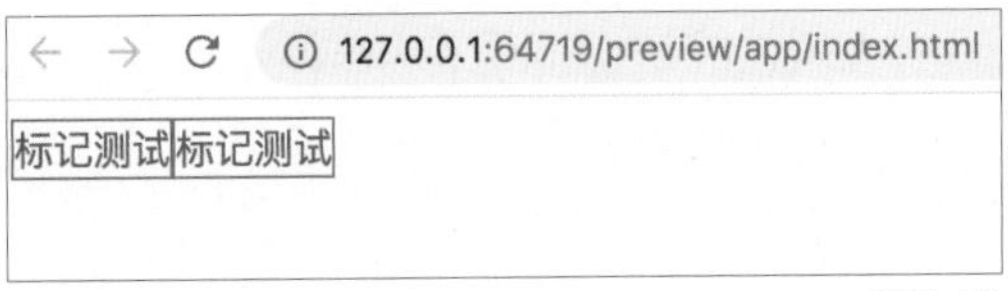

← → C ① 127.0.0.1:64719/preview/app/index.html

标记测试标记测试

图10-12

▌ <a>标记在代码中换行书写时，标记与标记之间会出现一个空格。

行级标记代码范例⑥

```
<!doctype html>
<html>
<head>
<meta charset="UTF-8">
<title> 行级标记测试 </title>
<style>
    a{
        text-decoration:none;
        border:1px red solid;
    }
</style>
</head>
<body>
    <a href="#"> 标记测试 </a>
    <a href="#"> 标记测试 </a>
</body>
</html>
```

注意 代码中加粗部分指〈a〉标记在代码中换行书写时，会有一个空格出现。使用浏览器浏览以上代码的效果如图10-13所示。

← → C ① 127.0.0.1:64719/preview/app/index.html

标记测试 标记测试

图10-13

153

具有 <a> 标记的以上特征的标记，称为"行级标记"。

总结一下，行级标记有以下特征。

▌ 行级标记识别边框、左右方位的 margin 和左右方位的 padding 等属性。

▌ 行级标记不识别宽高、上下方位的 margin 和上下方位的 padding 等属性。

▌ 行级标记水平显示，即多个行级标记会在同一行显示。

▌ 行级标记在代码中换行书写时，标记与标记之间会出现一个空格。

典型的行级标记有 <a> 和 <span> 等标记 。

知识点 2　块级标记

分析完 <a> 标记，接下来回顾一下 <div> 标记的特征。

<div> 标记有以下特征。

▌ <div> 标记独占一行。

▌ <div> 标记支持边框、宽高、margin 和 padding 等属性。

具有类似 <div> 标记的以上特征的标记，称为"块级标记"。

代表性的块级标记有 <div>、<h>、<p>、<ul>、<li> 等标记。HTML 文档中大部分的标记都是块级标记。

知识点 3　行块级标记

除了行级标记和块级标记，还有一种介于行级标记和块级之间的标记，叫作行块级标记或行内块标签，以 <img> 标记为例。

行块级标记代码范例

```
<!doctype html>
<html>
<head>
<meta charset="UTF-8">
<title> 行块级标记测试 </title>
<style>
    img{
        width:300px;
        border:1px red solid;
        margin:20px;
        padding:20px;
    }
</style>
</head>

<body>
    <img src="images/timg.jpeg"><img src="images/timg.jpeg">
</body>
</html>
```

注意 代码中加粗部分指给〈img〉标记赋予盒模型属性。使用浏览器浏览以上代码的效果如图10-14所示。

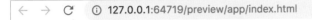

图10-14

观察图10-14可以看出，<img>标记支持宽高，且多个<img>标记书写时在同一行显示。行块级标记有以下特征。

▌ 行块级标记支持边框、宽高、margin和padding属性。

▌ 行块级标记水平显示，即多个行块级标记会在同一行显示。

▌ 行块级标记在代码中换行书写时，标记与标记之间会出现一个空格。

典型的行块级标记有<img>和<input>等标记。

知识点 4 display 属性

display属性用于标记性质之间的转换，其属性值常见的有inline、block、inline-block和none。

▌ display:inline;指标记具备行级标记的特征。

display 属性代码范例①

```
<!doctype html>
<html>
<head>
<meta charset="UTF-8">
<title> 标记性质转换 </title>
<style>
    div{
        width:200px;
        height: 200px;
        border:1px red solid;
        display:inline;
    }
</style>
</head>

<body>
```

```
    <div>标记性质转换测试</div>
    <div>标记性质转换测试</div>
</body>
</html>
```

注意　代码中加粗部分指给〈div〉标记赋予
display属性。使用浏览器浏览以上代码的效果如
图10-15所示。

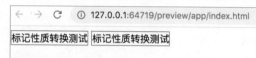

图10-15

　　观察图10-15可以看出，<div>标记使用display属性，其标记性质转换为行级标记，最终效果是水平显示，支持部分盒模型属性。

▌display:block;指标记具备块级标记的特征。

display属性代码范例②

```
<!doctype html>
<html>
<head>
<meta charset="UTF-8">
<title>标记性质转换</title>
<style>
    a{
        width:200px;
        height: 200px;
        border:1px red solid;
        display:block;
    }
</style>
</head>
<body>
    <a>标记性质转换测试</a><a>标记性质转换测试</a>
</body>
</html>
```

注意　代码中加粗部分指给〈a〉标记赋予
display属性。使用浏览器浏览以上代码的效
果如图10-16所示。

　　观察图10-16可以看出，〈a〉标记使
用display属性，其标记性质转换为块级
标记，最终效果是独占一行，支持盒模型
属性。

▌display:inline-block;指标记具备行
块级标记的特征。

图10-16

display属性代码范例③

```
<!doctype html>
<html>
<head>
<meta charset="UTF-8">
<title> 标记性质转换 </title>
<style>
    div{
        width:200px;
        height: 200px;
        border:1px red solid;
        display:inline-block;
    }
</style>
</head>
<body>
    <div> 标记性质转换测试 </div>
    <div> 标记性质转换测试 </div>
</body>
</html>
```

注意 代码中加粗部分指给〈div〉标记赋予display属性。使用浏览器浏览以上代码的效果如图10-17所示。

观察图10-17可以看出，<div>标记使用display属性，其标记性质转换为行块级标记，最终效果是水平显示，支持盒模型属性。

▌ display:none;指标记被隐藏。

图10-17

第4节 盒模型

在前面的课程中学习了margin、padding、border、width和height等属性，本节将针对这些属性做一个综合的讲解。

知识点 1 标准盒模型

现实生活中，一个盒子有尺寸大小，盒子中可以放填充物，盒子和盒子之间有间距。

在网页还原代码时，有很多标记元素也具备这样的特征，称为"盒模型"。

标准盒模型由内到外的属性分别是width/height（宽/高）、padding（内填充）、border（边框）和margin（外间距），如图10-18所示。

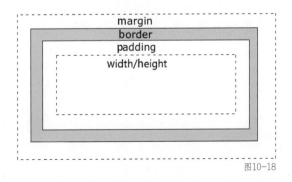

图10-18

知识点 2 盒子自身实际大小

大多数初学者认为width和height就是盒子自身的实际大小，其实并不完全是这样。在计算盒子实际大小的时候需要将width/height、border、padding等属性计算进去，width/height只是盒子内容的宽/高，并不是最终实际大小。盒子自身的实际宽高可以按以下公式计算。

▌ 盒子自身实际高度=内容高度（height）+上填充（padding-top）+下填充（padding-bottom）+上边框（border-top）+下边框（border-bottom）

▌ 盒子自身实际宽度=内容宽度（width）+左填充（padding-left）+右填充（padding-right）+左边框（border-left）+右边框（border-right）

本课练习题

1. 填空题

（1）选择器的优先级权重为_____最大，_____次之，_____最小。

（2）一般情况下，第一个子级元素的margin-top值会传递给_____。

（3）将块级元素转换成行级元素使用display:_____。

2. 问答题

回顾本课第3节知识点，默写行级标记具备的特征。

参考答案

1. 填空题

（1）id选择器；class选择器；标记选择器。

（2）父级。

（3）inline。

2. 问答题

▌ 行级标记识别边框、左右方位的margin和左右方位的padding等属性。

▌ 行级标记不识别宽高、上下方位的margin和上下方位的padding等属性。

▌ 行级标记水平显示，即多个行级标记会在同一行显示。

▌ 行级标记在代码中换行书写时，标记与标记之间会出现一个空格。

第 **11** 课

HTML+CSS的应用

在网页中，HTML是结构，CSS是样式，只有结构和
样式的完美结合才能呈现出优秀的网页效果。通过本
课学习，读者将对HTML+CSS有更深入的了解。

本课知识要点

◆ CSS默认样式重置

◆ 注释的使用

◆ 超链接href属性的作用

第1节　CSS默认样式重置

前面课程讲解了HTML常用标记和CSS常用样式，读者会发现很多标记自带一些默认样式，例如 <p> 标记自带外间距。一般情况下，网页中不会直接使用默认样式，需要先把标记自带的样式进行重置，再根据设计稿赋予标记新的样式。在CSS样式中需要重置的默认样式如下所示。

知识点 1　margin 和 padding 默认样式重置

在HTML文档中，有的标记自带一些默认样式，例如 <ul> 标记自带margin外间距属性和padding内填充属性，因此在使用这些标记时需要先重置样式，再赋予新样式。

margin和padding默认样式重置基本语法

```
*{margin:0; padding:0;}
```

margin和padding默认样式重置的语法说明如下。

"*"指通配符，其作用是控制HTML文档中所有的标记。

*{margin:0; padding:0;}表示重置HTML文档中所有标记的外间距和内填充。

在大型网站页面中会有大量的标记，上述margin和padding默认样式重置的使用会把一些没有默认样式标记的margin和padding属性选中并清除，因此会影响网站加载速度，这种写法适合做练习的时候或者访问量不大的小型网站使用。

大型网站中margin和padding默认样式重置的常见写法是先把需要清除默认样式的标记全部列出来，再进行样式重置，代码如下所示。

margin和padding默认样式重置代码范例

```
body,h1,h2,h3,h4,h5,h6,p,ul,ol,dl,dd,form,input,select,textarea,td,th{margin:0;padding:0;}
```

知识点 2　li{list-style:none;}

li{list-style:none;}表示列表项默认符号重置。

li{list-style:none;}代码范例

```
<!doctype html>
<html>
<head>
<meta charset="UTF-8">
<title>列表项符号重置</title>
<style>
</style>
</head>
```

```
<body>
    <ul>
        <li> 列表项 </li>
        <li> 列表项 </li>
        <li> 列表项 </li>
    </ul>
    <ol>
        <li> 列表项 </li>
        <li> 列表项 </li>
        <li> 列表项 </li>
    </ol>
</body>
</html>
```

注意 代码中加粗部分分别是无序列表和有序列表。使用浏览器浏览以上代码的效果如图11-1所示。

图11-1

观察图11-1可以看出，无序列表和有序列表都带有列表项符号，想要清除列表项符号，需要在样式里添加li{ list-style:none;}。使用浏览器浏览以上代码的效果如图11-2所示。

图11-2

知识点 3 img{border:none;}

在低版本IE浏览器中，图片加了超链接<a>标记后自带默认的蓝色边框，需要进行重置以清除边框。

img{border:none;}代码范例

```
<!doctype html>
<html>
<head>
<meta charset="UTF-8">
<title> 图片边框 </title>
<style>
</style>
</head>
<body>
```

161

```
    <a href="#"><img src="images/img.jpeg"></a>
</body>
</html>
```

注意 代码中加粗部分指〈img〉标记添加了超链接〈a〉标记后，在低版本IE浏览器中出现蓝色边框。
使用IE浏览器浏览以上代码的效果如图11-3所示。

观察图11-3可以看出，图片四周有蓝色的边框，想要清除蓝色边框，需要在样式中添加
img{ border:none;}。使用IE浏览器浏览以上代码的效果如图11-4所示。

图11-3

图11-4

知识点 4 a{text-decoration:none;}

a{text-decoration:none;}表示重置页面中文字使用了超链接后自带的装饰线。

a{text-decoration:none;}代码范例

```
<!doctype html>
<html>
<head>
<meta charset="UTF-8">
<title> 清除文字加了超链接后的装饰线 </title>
<style>

</style>
</head>

<body>
    <a href="#"> 学习使我快乐 </a>
</body>
</html>
```

注意 代码中加粗部分表示文字添加了超链接〈a〉标记。使用浏览器浏览以上代码的效果如图11-5所示。

图11-5

观察图11-5可以看出，添加了超链接的文字，其颜色变为蓝色，出现下划线。如果想给文字换颜色，需要使用color属性；如果想要清除下划线，需要在样式中添加a{text-decoration:none;}。使用浏览器浏览的效果如图11-6所示。

图11-6

知识点5 form 表单默认样式重置

使用form表单时，需要重置以下默认样式。

input {outline:none;}

其中，outline:none;表示取消<input>标记的聚焦外框线。

input type代码范例

```
<!doctype html>
<html>
<head>
<meta charset="UTF-8">
<title> 文本输入框 </title>
</head>
<body>
    <form>
     <input type="text">
    </form>
</body>
</html>
```

注意 代码中加粗部分指form表单中的文本输入框。在浏览器中浏览时，单击激活文本输入框，出现蓝色聚焦外框线。使用浏览器浏览以上代码的效果如图11-7所示。

图11-7

观察图11-7可以看出，文本输入框自带蓝色聚焦外框线，想要清除此外框线，需要在样式中添加input {outline:none;}。使用浏览器浏览的效果如图11-8所示。

图11-8

textarea{outline:none; resize:none; overflow:auto;}

其中，outline:none;表示取消<textarea>标记的聚焦外框线。

resize:none;表示禁止<textarea>标记调整尺寸。

overflow:auto;表示溢出部分根据<textarea>标记的范围自动显示是否出现滚动条。

textarea代码范例

```
<!doctype html>
<html>
<head>
<meta charset="UTF-8">
<title> 文本域 </title>
<style>
        textarea{
            outline:none;
            overflow:auto;
            resize:none;
            }
</style>
</head>
<body>
    <form>
     <textarea></textarea>
    </form>
</body>
    </html>
```

> **注意** 代码中加粗部分表示form表单中的textarea文本域。使用浏览器浏览以上代码的效果如图11-9所示。

图11-9

知识点 6　table 表格默认样式重置

table表格使用频率不高，其默认样式重置了解即可。

```
table{ border-collapse:collapse;}
```

其中，border-collapse:collapse;表示表格边框合并。

第2节　注释的使用

注释用来对代码进行标注说明，在注释符号中的文字内容不会在浏览器中显示，代码中使用注释有利于开发人员理解代码，方便后期查看和维护。在HTML文档中，常用的注释有两种，一种为HTML注释，另一种为CSS注释。

知识点 1 HTML 注释

HTML 注释写在 <body> 标记中，使用时在需要添加注释的区域插入 <!-- 要注释的内容 --> 即可。

HTML 注释代码范例

```
<!doctype html>
<html>
<head>
<meta charset="UTF-8">
<title> 注释 </title>
</head>
<body>
    <!-- 这是 header 区域开始 -->
    <div class="header"></div>
    <!-- 这是 header 区域结束 -->
</body>
</html>
```

注意 代码中加粗部分是HTML注释。在Dreamweaver 2020中的操作如图11-10所示。

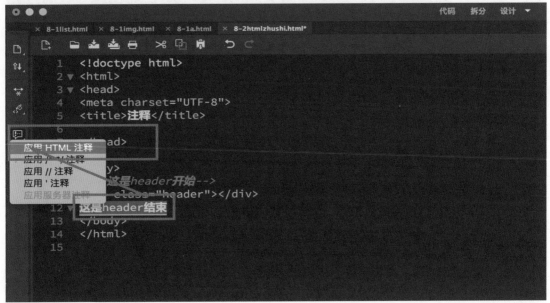

图11-10

提示 在使用HTML注释时，先选中要注释的文字内容，再执行"应用HTML注释"命令即可。

知识点 2 CSS 注释

CSS注释写在 <style> 标记中，使用时在需要添加注释的区域插入 /*要注释的内容*/ 即可。

CSS注释代码范例

```
<style>
    /* 这是 header 区域开始 */
    .header{
        width:200px;
        height:200px;
        background-color:gray;
    }
    /* 这是 header 区域结束 */
</style>
```

> 注意　代码中加粗部分是CSS注释。在Dreamweaver 2020中的操作如图11-11所示。

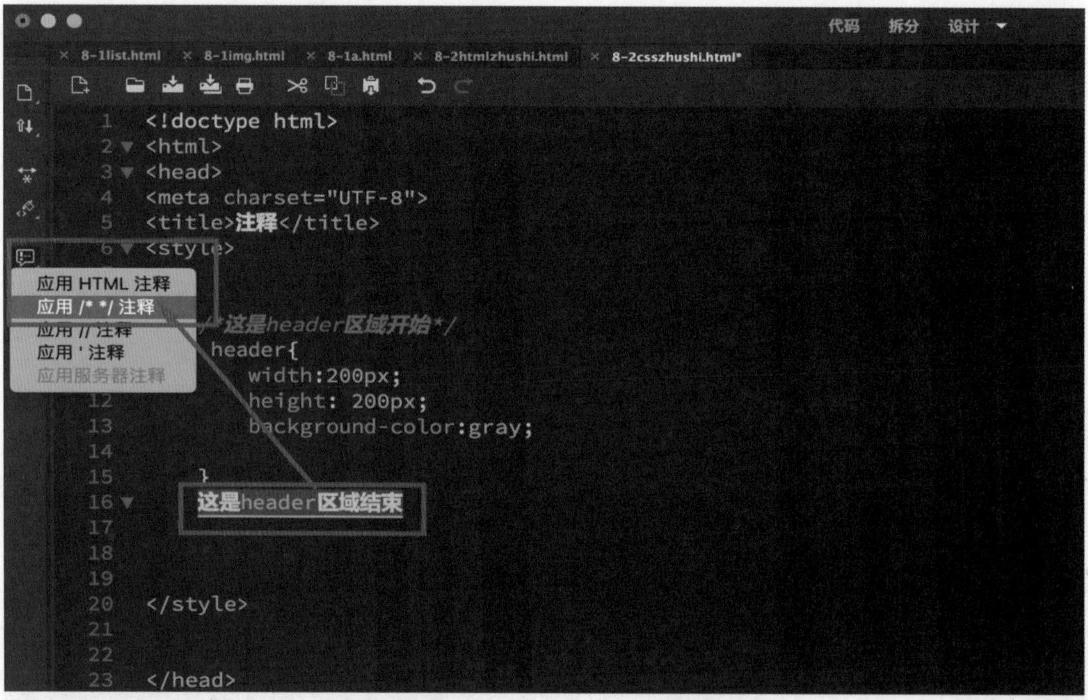

图11-11

第3节　超链接href属性的作用

前面讲 \<a\> 标记时提到href属性，它可以用来链接目标对象，作用范围很广。

常用的链接路径有绝对路径（外部链接）、相对路径（内部链接）和锚点链接。

知识点 1　绝对路径（外部链接）

绝对路径指固定位置或详细地址。在网页中，一个具体的网址可以理解为绝对路径，例如想要跳转到百度首页，只需要把百度网址加在超链接中，然后单击超链接就能直接跳转到百度页面。

绝对路径基本语法

```
<a href=" 要跳转的目标对象 "> 需要单击的内容 </a>
```

在页面中需要插入超链接的位置插入 <a></a> 标记，使用 href 属性跳转到目标对象。href 的属性值使用绝对路径来完成。

绝对路径代码范例

```
<!doctype html>
<html>
<head>
<meta charset="UTF-8">
<title> 绝对路径 </title>
</head>
<body>
    <a href="http://www.baidu.com"> 百度 </a>
</body>
</html>
```

> **注意** 代码中加粗部分是绝对路径的运用。

知识点 2 相对路径（内部链接）

相对路径指根据当前位置找目标位置。例如小明要去市人民医院，他现在在中山公园门口问路，路人告诉他，在当前位置往北走 500 米再往东走 200 米就到了，这就是相对路径。相对路径在页面内部链接中使用较多。

网站内部链接指同一网站中页面与页面之间的跳转。

相对路径基本语法

```
<a href=" 要跳转的目标对象 "> 需要单击的内容 </a>
```

在页面中需要插入超链接的位置插入 <a></a> 标记，使用 href 属性跳转到目标对象。href 的属性值使用相对路径来完成，如图 11-12 所示。

相对路径	操作使用
相同的站点	直接输入目标文档名字
链接上一级文档	../要链接的文档名字

图11-12

图 11-12 是相对路径的使用方法，下面通过 Dreamweaver 2020 中的代码提示来演示。

▌ 直接输入目标文档名字用于相同站点的文档跳转（常用于同级页面之间的跳转），如图 11-13 所示。

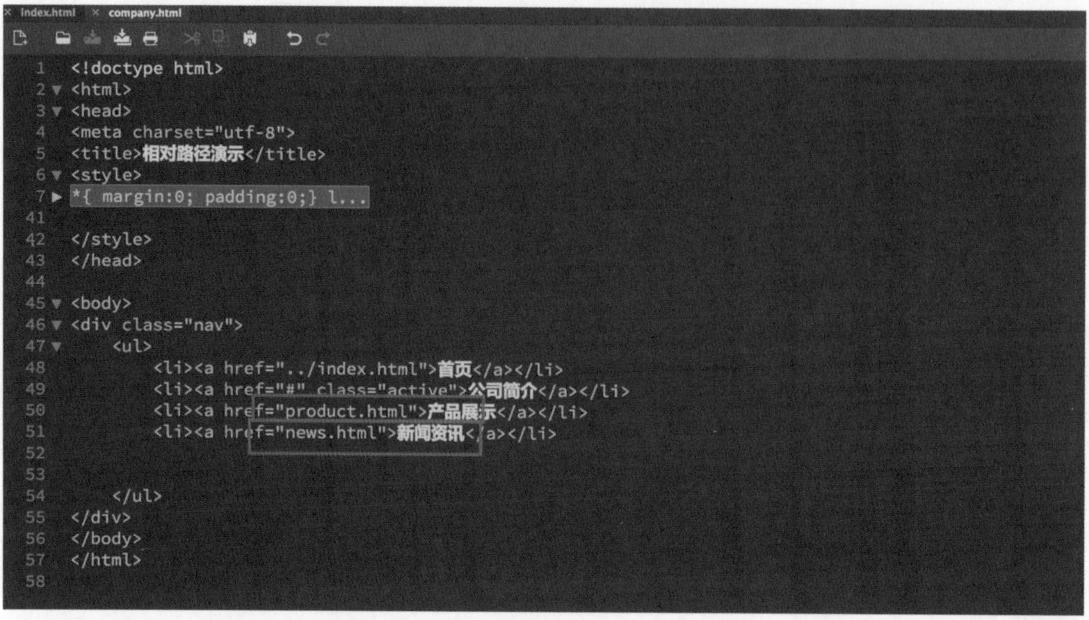

图11-13

▌ "../" 用于链接上一级文档（常用于从子页面返回网站首页），如图11-14所示。

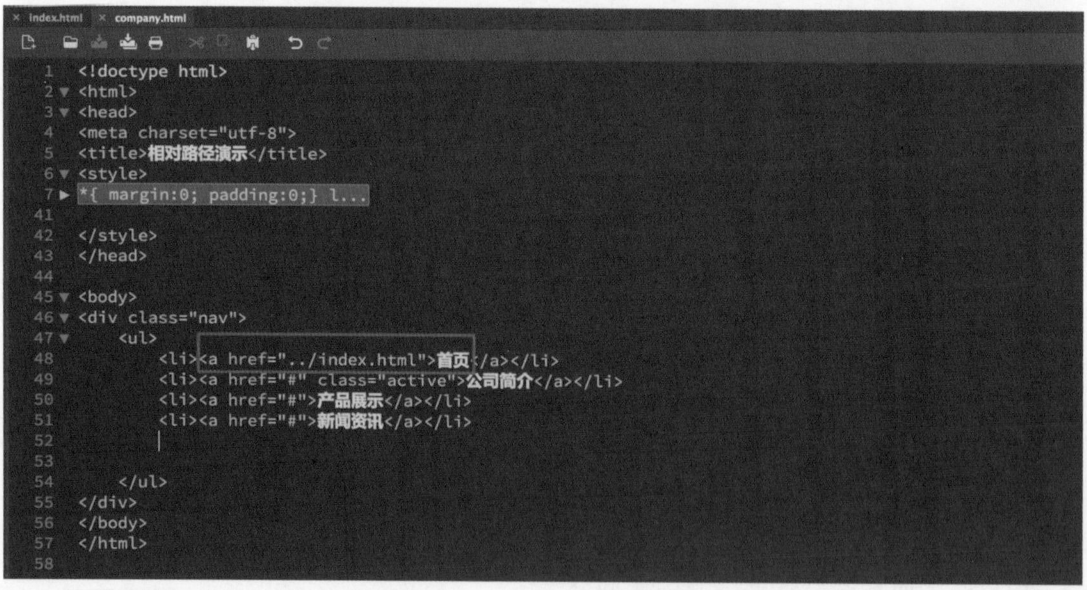

图11-14

知识点 3 锚点链接

锚点链接也称"锚链接"，常用于内容过长的网站页面，方便用户快速找到页面具体位置，有以下两种方法实现。

📝 **方法1**

在目标区域标记上，添加id="名字"，例如\<div id="red">\</div>。

在单击的对象上添加\<a href="#名字">内容\</a>，例如\<a href="#red">内容\</a>。

在需要单击的对象上单击就能快速跳转到目标区域。

锚点链接代码范例①

```
<!doctype html>
<html>
<head>
<meta charset="utf-8">
<title> 锚链接 </title>
<style>
    div{
        height:600px;
    }
    #red{
        background-color:red;
    }
    #orange{
        background-color:orange;
    }
    #pink{
        background-color:pink;
    }
</style>
</head>
<body>
  <a href="#red"> 红色 </a>
  <a href="#orange"> 橙色 </a>
  <a href="#pink"> 粉色 </a>
  <div id="red"></div>
  <div id="orange"></div>
  <div id="pink"></div>
</body>
</html>
```

注意 代码中加粗部分是锚点链接的运用，单击超链接文字，直接跳转到对应的色块区域。

使用浏览器浏览以上代码的效果如图11-15所示。

图11-15

方法2

在页面中创建锚点链接时，建立锚标记，即在页面内容区域做标记。

具体操作是在锚标记的目标区域前添加<a name="锚点名称"></a>，单击的对象<a href="#锚点名称">内容</a>。

锚点链接代码范例②

```
<!doctype html>
<html>
<head>
<meta charset="utf-8">
<title>锚链接</title>
<style>
    div{
        height:600px;
    }
    .box1{
        background-color:red;
    }
    .box2{
        background-color:orange;
    }
    .box3{
        background-color:pink;
    }
</style>
</head>
<body>
  <a href="#red">红色</a>
  <a href="#orange">橙色</a>
  <a href="#pink">粉色</a>
  <a name="red"></a>
  <div class="box1"></div>
  <a name="orange"></a>
  <div class="box2"></div>
  <a name="pink"></a>
  <div class="box3"></div>
</body>
</html>
```

注意 代码中加粗部分是锚点链接的运用，单击超链接文字，直接跳转到对应的色块区域。

最终在浏览器中的效果和方法1一样。

本课练习题

问答题

（1）回顾本课第1节知识点，默写常见的CSS默认样式重置代码。

（2）回顾本课第2节知识点，默写HTML和CSS注释的写法。

参考答案

（1）

```
body,h1,h2,h3,h4,h5,h6,p,ul,ol,dl,dd,form,input,select,textarea,td,th{margin:0;padding:0;} 或者 *{margin:0;padding:0;}
li{list-style:none;}
img{border:none;}
a{text-decoration:none;}
input {outline:none; }
textarea{outline:none; resize:none; overflow:auto;}
table{border-collapse:collapse;}
```

（2）

HTML注释写法如下。

```
<!-- 要注释的内容 -->
```

CSS注释写法如下。

```
/* 样式注释 */
```

第 **12** 课

HTML+CSS专题讲解

在CSS样式中，浮动和定位等属性是搭建网页结构时
必不可少的，网页中的导航在页面中几乎都会用到，
表单也随处可见。

本课将结合HTML结构和CSS样式，对一些重要的知
识点做专题讲解。

本课知识要点

◆ 浮动专题

◆ 清浮动专题

◆ 定位专题

◆ 导航专题

◆ 表单专题

第1节 浮动专题

浮动属性在网页布局中使用较多，只要涉及水平布局，几乎都需要使用浮动属性。
下面通过几个案例，加深读者对浮动属性的理解。

✍ **案例1**

有两个灰色的区块，box1靠左边显示，box2靠右边显示，效果如图12-1所示。

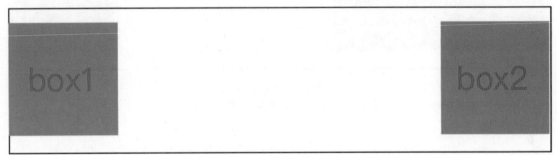

图12-1

float代码范例①

```
<!doctype html>
<html>
<head>
<meta charset="utf-8">
<title> 浮动专题 </title>
<style>
    .box1{
        width:100px;
        height:100px;
        float:left;
        background-color:gray;
        }
    .box2{
        width:100px;
        height:100px;
        float:right;
        background-color:gray;
        }

</style>
</head>
<body>
    <div class="box1"></div>
    <div class="box2"></div>
</body>
</html>
```

注意 代码中加粗部分表示box1和 box2等区块水平显示，分别赋予box1左浮动，赋予box2右浮动，即可达到图12-1所示的效果。

案例2

　　有3个灰色的区块，其中box1和box2靠左边显示，box3靠右边显示，效果如图12-2所示。

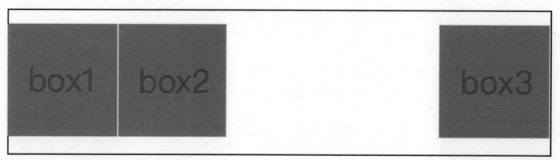

图12-2

float代码范例②

```
<!doctype html>
<html>
<head>
<meta charset="utf-8">
<title> 浮动专题 </title>
<style>
    .box1{
        width:100px;
        height:100px;
        float:left;
        background-color:gray;
        }
    .box2{
        width:100px;
        height:100px;
        float:left;
        background-color:gray;
        }
    .box3{
        width:100px;
        height:100px;
        float:right;
        background-color:gray;
        }
</style>
</head>
<body>
   <div class="box1"></div>
   <div class="box2"></div>
   <div class="box3"></div>
</body>
</html>
```

注意 代码中加粗部分表示box1、box2和box3等区块水平显示，分别赋予box1和box2左浮动，赋予box3右浮动，即可达到图12-2所示的效果。

📝 **案例3**

有3个灰色的区块，其中box1和box3靠左边显示，box2靠右边显示，效果如图12-3所示。

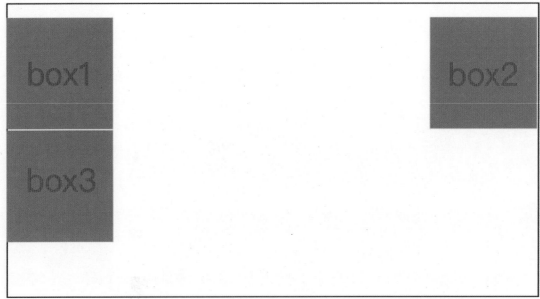

图12-3

图12-3所示的布局效果可以通过以下两种方法来实现。

📝 **方法1**

将box1和box3放在同一个区块中使用左浮动，box2使用右浮动。

float代码范例③

```
<!doctype html>
<html>
<head>
<meta charset="utf-8">
<title> 浮动专题 </title>
<style>
    .left{
        float:left;
    }
    .box1{
        width:100px;
        height:100px;
        background-color:gray;
    }
    .box3{
        width:100px;
        height:100px;
        background-color:gray;
    }
    .box2{
```

```
        width:100px;
        height:100px;
        float:right;
        background-color:gray;
    }
</style>
</head>

<body>
    <div class="left">
        <div class="box1"></div>
        <div class="box3"></div>
    </div>
    <div class="box2"></div>
</body>
</html>
```

> **注意** 代码中加粗部分表示赋予left区块左浮动，赋予box2区块右浮动，即可达到图12-3所示的效果。

方法2

将box1和box2放在同一个区块中分别使用左右浮动（并且这个盒子需要给一个高度值），box3不使用浮动。

float代码范例④

```
<!doctype html>
<html>
<head>
<meta charset="utf-8">
<title> 浮动专题 </title>
<style>
    .wrap{
        height:100px;
    }
    .box1{
        width:100px;
        height:100px;
        float:left;
        background-color:gray;
    }
    .box2{
        width:100px;
        height:100px;
        float:right;
        background-color:gray;
    }
    .box3{
        width:100px;
        height:100px;
        background-color:gray;
```

```
    }
</style>
</head>

<body>
    <div class="wrap">
        <div class="box1"></div>
        <div class="box2"></div>
    </div>
    <div class="box3"></div>
</body>
</html>
```

> **注意** 代码中加粗部分表示赋予box1区块左浮动，赋予box2区块右浮动，box3不浮动，即可达到图12-3所示的效果。

第2节 清浮动专题

浮动元素最重要的特征是不占位。

一般情况下，一个区块如果不设置高度，其高度将由里面的内容撑开。如果里面的内容元素加了浮动属性，会导致内容元素自身不占位，这样就无法撑开父级区块的高度，从而影响后面区块的布局。

清浮动代码范例

```
<!doctype html>
<html>
<head>
<meta charset="UTF-8">
<title> 清浮动 </title>
<style>
    .box{
        width:300px;
        background-color:gray;
    }
    .left{
        width:100px;
        height:100px;
        background-color:red;
    }
    .right{
        width:100px;
        height:100px;
        background-color:pink;
    }
</style>
</head>
```

```
<body>
 <div class="box">
  <div class="left"></div>
  <div class="right"></div>
 </div>
</body>
</html>
```

注意 上述代码中父级区块如果没有设置高度，其高度将由子级区块的高度撑开，如图12-4所示。

接下来，分别给子级区块添加float属性。

float代码范例

```
.left{
     width:100px;
     height:100px;
     background-color:red;
     float:left;
}
.right{
     width:100px;
     height:100px;
     background-color:pink;
     float: right;
}
```

图12-4

使用浏览器浏览以上代码的效果如图12-5所示。

观察图12-5可以看出，父级区块不见了。对初学者而言，给浮动元素的父级区块设置一个高度值是避免这种情况出现的一个重要方法。但是这种方法仅用于父级区块高度是一个固定值的情况。

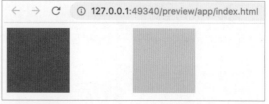

图12-5

如果子级区块的高度值发生改变，父级区块的高度值也要重新修改，这种随时修改属性值的方法虽然简单，但是不太灵活。一般情况下会使用clear清浮动的方法解决浮动元素导致父级不占位的问题，其操作方法是在一组浮动元素的结构后面添加<div class="clear"><div>，在样式中添加.clear{clear:both}。

clear清浮动代码范例

```
<!doctype html>
<html>
<head>
<meta charset="UTF-8">
<title> 清浮动 </title>
<style>
       .box{
```

```
            width:300px;
            background-color:gray;
        }
        .left{
            width:100px;
            height:100px;
            background-color:red;
            float:left;
        }
        .right{
            width:100px;
            height:100px;
            background-color:pink;
            float: right;
        }
        .clear{
            clear:both;
        }
</style>
</head>

<body>
 <div class="box">
  <div class="left"></div>
  <div class="right"></div>
  <div class="clear"></div>
  </div>
</body>
</html>
```

> **注意** 代码中加粗部分是clear清浮动方法的具体运用，此方法恢复了父级元素的正常占位。使用浏览器浏览以上代码的效果如图12-6所示。

clear属性有3个属性值，分别是以下3种。

▌ clear:left;指清除左边浮动产生的影响，恢复左边占位。

▌ clear:right;指清除右边浮动产生的影响，恢复右边占位。

图12-6

▌ clear:both;指清除左右两边浮动产生的影响，恢复左右两边占位。

一般情况使用clear:both。

第3节 定位专题

在网页布局中，遇到覆盖关系的结构时，需要使用定位属性来实现。

本节通过案例进一步了解定位知识点。

案例1：绝对定位案例

　　有两个区块是父子级结构，父级区块的颜色是橙色，宽高各320px，子级区块的颜色是黄色，宽高各100px，黄色区块覆盖在橙色区块之上，超出橙色区块右侧和底部各50px，效果如图12-7所示。

　　思路分析： 黄色区块覆盖在橙色区块上，因此需要给黄色区块添加绝对定位absolute，给橙色区块添加相对定位relative，让黄色区块相对于橙色区块进行位置偏移；黄色区块处在右下角，考虑使用right和bottom属性，右侧和底部各超出50px，超出部分用负数，完整代码如下所示。

图12-7

定位代码范例①

```
<!doctype html>
<html>
<head>
<meta charset="utf-8">
<title>定位</title>
<style>
        .box{
            width:320px;
            height:320px;
            background-color:tomato;
            position:relative;
        }
        .son{
            width:100px;
            height:100px;
            background-color:yellow;
            position:absolute;
            right:-50px;
            bottom:-50px;
        }
</style>
</head>

<body>
    <div class="box">
        <div class="son"></div>
    </div>
</body>
</html>
```

案例2：固定定位案例

观察图12-8可以看出，图中右下角的红色区块固定在原位不动，单击这个区块整个网页会回到顶部。固定在原位不动，需要使用固定定位fixed来实现。回到网页的顶部，需要使用<a href="#"></a>来实现，当href="#"的时候，表示停留在当前页面并回到页面顶部。

图12-8

下面通过简单的小案例模拟实现上述的效果，如图12-9所示。

单击红色色块实现网页回到顶部的功能，实现该功能时需要注意网页高度至少大于一屏。

定位代码范例②

```
<!doctype html>
<html>
<head>
<meta charset="utf-8">
<title> 定位 </title>
<style>
    .box{
        height:2000px;
        background-color:pink;
    }
    .go-top{
        width:100px;
        height:100px;
        background-color:red;
        position:fixed;
        right:50px;
        bottom:50px;
    }
</style>
</head>
<body>
    <div class="box"></div>
    <a href="#" class="go-top"></a>
</body>
</html>
```

图12-9

第4节 导航专题

导航在网页中是必不可少的元素。本节将通过一个常规的导航案例加深对导航知识点的理解，案例效果如图12-10所示。

| 首页 | 学员作业 | 学员就业 | 师资力量 | 学院新闻 | 校区汇总 | 学员视频 | 教程 | 招聘 | 关于我们 |

图12-10

分析图12-10所示中的案例效果可以得到以下信息。

▌ 导航的布局是水平显示，需要使用float属性。

▌ 导航中菜单单击跳转到子页面的，需要使用超链接<a>标记。

▌ 经测量导航中菜单与菜单之间的间距相等，需要使用margin属性。

▌ 导航中第一个菜单"首页"文字颜色不一样，需要使用color属性单独定义。

▌ 鼠标指针悬停在其他菜单上时，文字变成红色，需要使用:hover来实现。

按照上述的分析，书写代码的结构可能如下。

```
<div class="nav">
    <div><a href="#"> 首页 </a></div>
    <div><a href="#"> 产品 </a></div>
    <div><a href="#"> 社区 </a></div>
    <div><a href="#"> 帮助 </a></div>
</div>
```

上述代码结构没有错误，但是一般情况下导航使用列表标记<ul>和<li>来搭建结构，因为列表标记<ul>和<li>是定义一组相同的内容，语义更符合。

导航代码范例

```
<!doctype html>
<html>
<head>
<meta charset="utf-8">
<title> 导航 - 常规导航 </title>
<style>
    *{margin:0; padding:0;}
    li{list-style:none;}
    a{text-decoration:none;}
    ul{height:48px;}
    li{
        float:left;
        margin-right:33px;
    }
    ul li a{
        color:#000;
        font-size:16px;
        font-family:" 微软雅黑 ";
    }
    ul li .home{color:#f00;}
```

```
        ul li a:hover{color:#f00;}
</style>
</head>

<body>
    <ul>
        <li><a href="#" class="home"> 首页 </a></li>
        <li><a href="#"> 学员作业 </a></li>
        <li><a href="#"> 学员就业 </a></li>
        <li><a href="#"> 师资力量 </a></li>
        <li><a href="#"> 学院新闻 </a></li>
        <li><a href="#"> 校区汇总 </a></li>
        <li><a href="#"> 学员视频 </a></li>
        <li><a href="#"> 教程 </a></li>
        <li><a href="#"> 招聘 </a></li>
        <li><a href="#"> 关于我们 </a></li>
    </ul>
</body>
</html>
```

常规导航案例的知识总结如下。

▌ 导航的结构是<ul>、<li>、<a>等标记。

▌ 导航中<ul>标记需被要赋予一个固定的高度值。

▌ 导航中<li>标记需要被赋予float属性。

▌ 导航中<a>标记需要被赋予color属性。

第5节 表单专题

表单在网站的登录页或者注册页中比较常见，本节通过一个基础的表单案例，加深对表单知识点的理解，案例效果如图12-11所示。

分析图12-11所示的案例效果可以得到以下信息。

▌ 第一行输入框是文本输入框。

▌ 第二行输入框是密码输入框。

图12-11

▌ 第三行是"登录"按钮，其type类型是submit，value属性值是"登录"，按钮输入框的背景颜色是蓝色。

▌ 第四行是复选框。

文本输入框、密码输入框和"登录"按钮有相同的样式，经测量输入框宽度是298px；高度是40px；下外间距是20px，且独占一行。

表单代码范例

```
<!doctype html>
<html>
<head>
<meta charset="utf-8">
<title> 表单 </title>
<style>
      .tel,.pwd,.btn{
            width:298px;
            height:40px;
            border:1px solid #dcdcdc;
            display:block;
            margin-bottom:20px;
            font-size:16px;
      }
      .btn{
            border:none;
            background-color:#2780ed;
            color:#fff;
      }
      span{
            font-size:16px;
      }
</style>
</head>
<body>
   <form>
      <input type="text" value=" 手机号码 " class="tel">
      <input type="password" value=" 密码 " class="pwd">
      <input type="submit" value=" 登录 " class="btn">
      <input type="checkbox"><span> 记住密码 </span>
   </form>
</body>
</html>
```

本课练习题

操作题

（1）回顾本课第1节和第2节知识点，制作图12-12所示的网页效果。

图12-12

操作题要点提示

　　本练习题是浮动和清浮动等知识点的综合运用。在搭建布局结构时，需要使用浮动属性使其水平显示，其还需使用清浮动的方法清除浮动属性带来的影响。

（2）回顾本课第3节知识点，制作图12-13所示的图片效果。

图12-13

操作题要点提示

　　本练习题是绝对定位和相对定位的综合运用。图中橙色图标覆盖在图片之上，超出图片区域的右侧和顶部各10px，因此需要给橙色图标元素设置绝对定位，并且需要配合right和top这两个方向达到精确定位，给图片区域的父级元素设置相对定位。

（3）回顾本课第4节知识点，制作图12-14所示的导航效果。

| 网站首页 | 关于我们 | 作品展示 | 最新活动 | 视频特辑 | 新闻动态 | 联系我们 | 在线留言 |

图12-14

操作题要点提示

　　本练习题是〈ul〉、〈li〉和〈a〉等标记的综合运用，需要特别注意的是导航中的每个子导航都有虚线框作为修饰。

第 **13** 课

Dreamweaver 2020代码编辑技巧

在编辑代码的过程中，有大量的HTML标记和CSS样式需要用户插入或者手动编写，如果逐行编写工作量比较大，而且速度也不是很快。

在Dreamweaver 2020中可以快速地编辑代码，其增加了对Emmet的支持。Emmet是一个编辑器插件，提供了一套非常简练的语法规则，用户只需要输入简写字符和运算符，再使用快捷键就可以快速创建大段代码，极大地提高了代码编写的效率。

本课知识要点

◆ 快速创建HTML标记

◆ 快速添加CSS样式

◆ 管理代码

第1节 快速创建HTML标记

HTML文档中的标记需要使用"插入"面板或者手动书写，这种书写比较烦琐，可以借助简写字符和快捷键来提高编写效率。

知识点 1 定义单个标记

在Dreamweaver 2020中，定义单个标记的方法非常简单，只需要输入标记的名称再按Tab键，就能快速创建一个标准的标记，例如快速创建<div></div>，只需在<body>标记中输入"div"字符，再按Tab键即可，如图13-1所示。

```
<body>
    div
</body>
```

图13-1

这个操作甚至可以初始化HTML文档，例如先把默认的HTML文档代码全部删除，输入"！"字符，再按Tab键，默认的HTML文档就被创建出来了，如图13-2所示。

```
1   1
2
```

图13-2

知识点 2 添加 class、id 属性

在Dreamweaver 2020中，定义单个标记的同时也可以将class或者id属性定义好。操作方法是标记名称带上class或者id名，例如创建<p class="box"></p>，在<body>标记中输入"p.box"，再按Tab键即可，如图13-3所示。

```
<body>
    p.box
</body>
```

图13-3

如果定义的是id属性，只需在<body>标记中输入"p#box"，再按Tab键即可。

如果要同时定义class和id属性，操作方法是标记名称带上class和id名，例如创建<div class="box" id="wrap"></div>，只需在<body>标记中输入"div.box#wrap"，再按Tab键即可，如图13-4所示。

```
<body>
    div.box#wrap
</body>
```

图13-4

知识点 3 隐式标记

在<body>标记为父级的情况下，创建带class或id属性的<div>标记，可以省略输入

"div"字符，直接输入"#id名称"，再按Tab键即可，例如创建<div id="box"></div>，只需在<body>标记中输入"#box"，再按Tab键即可实现。

在其他标记为父级的情况下，如果只输入class或者id名，则会根据父级标记来进行判断，例如父级标记为<ul>，在里面输入".list"，再按Tab键，就会生成<li class="list"></li>。

在<ul>和<ol>标记中创建的都是<li>标记。在<body>和<div>等标记中创建的都是<div>标记，如图13-5所示。

```
<body>
    <ul>
        .list
    </ul>
</body>
```

图13-5

知识点 4　添加属性

在Dreamweaver 2020中，创建带属性和属性值的标记也是可行的，基本语法是标记[属性=属性值]，例如创建<a href="#"></a>，需要输入"a[href=#]"，再在结尾处按Tab键，注意输入法一定要在英文状态下，如图13-6所示。

```
<body>
        a[href=#]
</body>
```

图13-6

知识点 5　添加文本内容

在Dreamweaver 2020中，生成文本内容的基本语法是标记{文本内容}，例如创建<div>添加文本内容</div>，只需在<body>标记中输入"div{添加文本内容}"，再在结尾处按Tab键即可，如图13-7所示。

```
<body>
    div{添加文本内容}
</body>
```

图13-7

知识点 6　定义多个标记

在Dreamweaver 2020中，定义多个标记需要用到符号和运算符。

```
<ul>
 <li></li>
 <li></li>
 <li></li>
</ul>
```

只需在<body>标记中输入"ul>li*3"，再按Tab键即可，如图13-8所示。

```
<body>
        ul>li*3
</body>
```

图13-8

符号">"指后面接的是子级元素。

运算符"*"指乘以多个。

如果要书写以下代码,该怎么操作?

```
<ul>
 <li><a href="#"></a></li>
 <li><a href="#"></a></li>
 <li><a href="#"></a></li>
</ul>
```

答案是输入"ul>li*3>a[href=#]",再在结尾处按Tab键。

知识点 7 定义多个带属性的标记

这里直接举例说明如何定义多个带属性的标记,例如要生成以下代码。

```
<ul>
 <li class="list1"></li>
 <li class="list2"></li>
 <li class="list3"></li>
</ul>
```

输入"ul>li.list$*3",再按Tab键即可生成,如图13-9所示。

```
<body>
    ul>li.list$*3|
</body>
```

图13-9

符号"$"表示自动编号。

知识点 8 定义一组代码

在Dreamweaver 2020中,如果要定义一组含有不同标记的代码,需要使用符号和运算符来操作,例如要生成以下标记。

```
<div class="box">
    <p></p>
</div>
<ul
    <li></li>
</ul>
```

在上述代码中<div>和<ul>等标记是两组代码,并且是平级关系,分组用符号"()"表示,平级用符号"+"表示。

上述代码的生成需要在<body>标记中输入"(div.box>p)+(ul>li)",再在结尾处按Tab键,如图13-10所示。

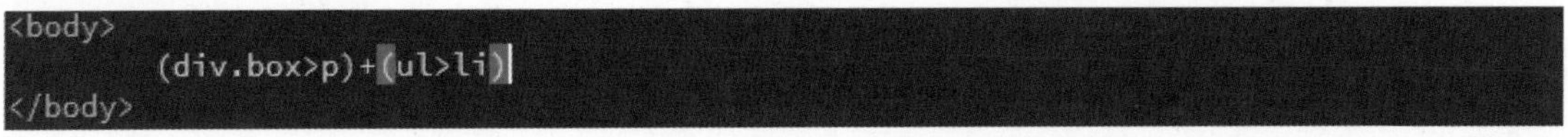

```
<body>
    (div.box>p)+(ul>li)|
</body>
```

图13-10

第2节 快速添加CSS样式

在Dreamweaver 2020中，在<style>标记的对应选择器中直接输入属性单词的首字母或者多个字母，就可以快速添加CSS属性名，例如输入“w”，再按Tab键可以快速生成width属性，如图13-11所示。同理，输入“h”可以生成height属性，输入“c”可以生成color属性，输入“m”可以生成margin属性,输入“p”可以生成padding属性，输入“f”可以生成font属性。

如果要快速添加float属性，可以输入“fl”，再按Tab键。

```
.box{
    w
}
```

图13-11

如果输入的CSS属性值是具体数值，也可以快速生成，例如只需在样式中输入“w100”，再按Tab键即可生成width:100px;，输入“h100”即可生成height:100px;，如图13-12所示。

```
.box{
    w100
}
```

图13-12

第3节 管理代码

在Dreamweaver 2020中有一些快捷操作可以方便开发人员对代码进行管理。

知识点1 选择、折叠、展开代码

选择代码有多种方法，可以直接选择代码片段，也可以通过行号和标记选择器等方式进行选择。

▌使用行号。单击代码前的行号，可以直接将代码定位到想要选择的行范围，如图13-13所示。

```
<ul>
    <li><a href="#">关于诚信</a></li>
    <li><a href="#">网站地图</a></li>
    <li><a href="#">法律声明</a></li>
    <li class="us"><a href="#">联系我们</a></li>
</ul>
```

图13-13

▌使用标记选择器。在想要选择的标记上单击，会发现在软件界面底部出现一排标记选择器，单击底部对应的标记，此标记区域的内容就会被选中，如图13-14所示。

在编写代码的过程中，代码会越来越多，如果某一区域代码写完了，可以暂时将该区域代码折叠起来。操作方法是选中标记，在代码标记的前面出现倒三角箭头按钮，单击此按钮就可折叠代码，如图13-15所示。使用快捷键Ctrl+Shift+J也可以完成此操作。

图13-14

图13-15

如果需要展开代码，直接在折叠的代码上双击即可，或者单击折叠代码前的三角箭头按钮，如图13-16所示。

图13-16

知识点2 替换和快速编辑

在编写代码的过程中，如果发现批量同类信息需要替换修改，可以使用替换功能。操作方法是在代码视图任意空白处右击，在弹出的快捷菜单中执行"在当前文档中替换"命令（快捷键Ctrl+H），如图13-17所示。

执行完后，在窗口下方出现"替换"面板，在第一行输入框内输入需要修改的内容，第二行输入框内输入修改后的内容，单击"全部替换"按钮就可实现批量替换操作了，如图13-18所示。

快速编辑	Ctrl+E
剪切(C)	Ctrl+X
拷贝(O)	Ctrl+C
粘贴(P)	Ctrl+V
选择性粘贴(S)...	Ctrl+Shift+V
在当前文档中查找...	Ctrl+F
在文件中查找和替换......	Ctrl+Shift+F
在当前文档中替换...	Ctrl+H
查找下一个(N)	F3
查找前一个	Shift+F3
查找全部并选择	Ctrl+Alt+F3

图13-17

图13-18

使用快速编辑功能能快速地修改CSS样式。

在相应的标记上右击，在弹出的快捷菜单中执行"快速编辑"命令（快捷键Ctrl+E），在该标记的下方就会出现CSS样式，直接修改对应的属性或属性值即可，如图13-19所示。

关闭快速编辑，单击标记所在的下一行左侧的"X"按钮即可，如图13-20所示。

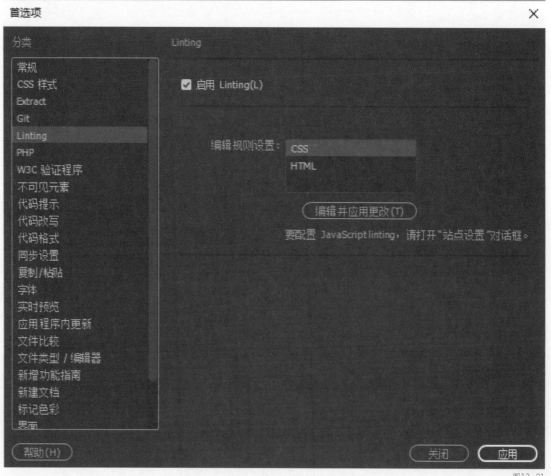

图13-19

图13-20

知识点 3　错误检测

Dreamweaver 2020中的"首选项"设置默认启用了Linting支持，它能对用户代码中的错误进行实时监测，如图13-21所示 。

图13-21

下面通过一段错误代码来了解错误检测功能。

在 <body> 标记中输入 <div> 标记，没有书写结束标记，继续输入 <img> 标记，没有带 alt 属性，如图13-22所示。

```
▼ <body>
        <div class="box">|
        <img src="dw1/images/nature2.jpg">

  </body>
```

图13-22

在软件界面的最下方单击 ⊚ 按钮，如图13-23所示。

```
<body>
        <div class="box">|
        <img src="dw1/images/nature2.jpg">

</body>
</html>
```

`⊚   HTML  ∨   1005 x 169  ∨   INS  13:26  ⬚`

图13-23

在下方的"输出"面板中会显示所有错误信息，错误信息会告诉用户错误类型是什么，双击错误信息会跳转到对应位置，方便用户检查修改，如图13-24 所示。

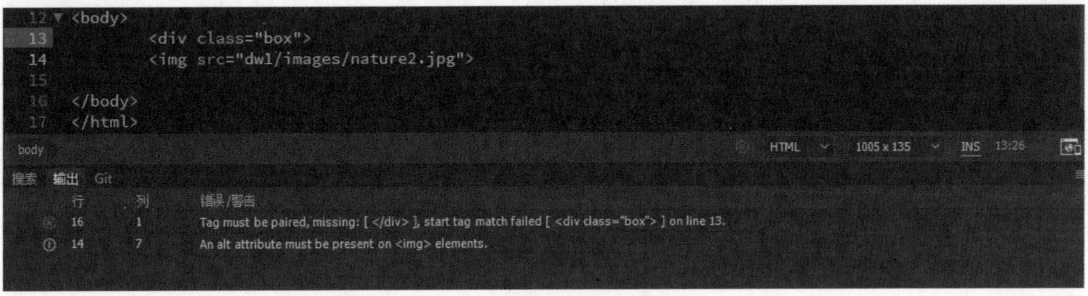

```
12 ▼ <body>
13          <div class="box">
14          <img src="dw1/images/nature2.jpg">
15
16     </body>
17     </html>
```

body   `⊚   HTML  ∨   1005 x 135  ∨   INS  13:26  ⬚`

搜索	输出	Git	
行	列		错误/警告
16	1		Tag must be paired, missing: [</div>], start tag match failed [<div class="box">] on line 13.
14	7		An alt attribute must be present on <img> elements.

图13-24

第 **14** 课

HTML+CSS整站案例实战

本课通过HTML+CSS知识点的综合运用来搭建一个完整的网页，以提高读者的实际操作能力。

本课知识要点

- ◆ 新建站点
- ◆ 网页拆分
- ◆ 网页制作

→ 加入本书售后群，即可获得本课详细讲解视频与更多案例讲解。

本课要完成的网页案例是常规的企业网站首页，如图14-1所示。

图14-1

第1节 新建站点

搭建一个完整的网站需要创建一个新的站点，把整个网站需要的文件全都集中在一起。准备工作如下。

▌ 打开Dreamweaver 2020，单击"文件"面板中的"站点"按钮，新建名称是cx的站点（站点名称最好有意义，这里cx是诚信这个词组拼音的首字母）、images文件夹和css文件夹。

▌ images文件夹用来存放网页中需要的所有图片，并且此文件夹需要设置为默认的图片文件夹。

▌ 在css文件夹中新建style.css文件，用来书写样式。

▌ 在站点组中新建index.html文件，用来书写结构，如图14-2所示。

▌ 单击CSS设计器的"源"中的"附加现有的css文件"按钮，将style.css文件和index.html文件关联在一起。

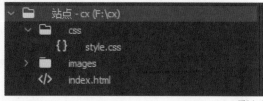

图14-2

▌ 在style.css文件中还可以书写默认样式重置的代码。

默认样式重置范例

```
*{margin:0;padding:0;font-family:" 微软雅黑 ";}
li{ list-style:none;}
img{ border:none;}
a{text-decoration:none;color:#000;}
textarea{ resize:none; overflow:auto;}
input,textarea{ outline:none;}
table{ border-collapse:collapse;}
```

第2节 网页拆分

在制作网页时，只有对网页的组成部分做到心中有数，才能在编写代码时事半功倍。

知识点 1 为什么要做网页拆分

拆分网页结构有以下好处。

▌ 认识网页结构。一个合格的网页开发人员需要对网页结构有清晰的认识，就像一位合格的医生需要对人体结构有必需的了解。

▌ 理清写代码的思路。拆分网页结构的过程就是理清写代码思路的过程。

▌ 网页只有拆分后才能做交互行为。如果是一整张图片，无法做出交互效果，用户如果对某个区域感兴趣，只有拆分成多块才能单独加超链接进行跳转。

知识点 2 怎么拆分网页结构

一般情况下根据网页的内容来拆分，网页的初级拆分可以分为头部区域（header）、banner区域、内容区域（main）和底部区域（footer）等。初级拆分也称"一级拆分"，如图14-3所示。

图14-3

在进行网页结构拆分时需要遵守以下原则。

▌ 先做整体结构拆分，后做局部结构拆分。例如先做一级结构拆分，再做二级、三级等层级的拆分。

▌ 一般情况下，先做上下结构拆分，后做左右结构拆分。例如header区域的结构，可以先拆分成上下两块区域，上面区块再进一步拆分成左（logo区域）和右（搜索框）两块区域，如图14-4所示。

图14-4

第3节 网页制作

分析完网页，接下来就可以开始编写代码了。

知识点 1 header 区域制作

思路分析

▌ 一级结构。header区域用<div>标记表示，分别赋予宽、高、区块居中等属性。

▌ 二级结构。header区域进一步拆分，分成上下两块区域，如图14-5所示。

图14-5

▌ 三级结构。上面区域分为左边logo和右边搜索框两块区域，左右布局使用float属性，右侧搜索框由文本输入框和"提交"按钮组成，下面导航区用<ul>、<li>、<a>标记来表示。

header 区域结构代码范例

```
<div id="header">
    <div class="header_top">
        <a href="#" class="logo"><img src="images/logo1.jpg" alt=""></a>
        <form>
            <input type="text" value=" 请输入相关内容 " class="text1"><input
type="submit" value=" 搜索 " class="search">
        </form>
    </div>
    <ul class="nav">
```

```
            <li class="li_home"><a href="#"> 诚信首页 </a></li>
            <li><a href="#"> 财务审计 </a></li>
            <li><a href="#"> 税务审计 </a></li>
            <li><a href="#"> 资产评估 </a></li>
            <li><a href="#"> 企业服务 </a></li>
            <li><a href="#"> 资质审批 </a></li>
            <li><a href="#"> 企业文化 </a></li>
            <li class="li_last"><a href="#"> 联系我们 </a></li>
        </ul>
    </div>
```

header区域样式代码范例

```
#header{
    height:190px;
    width:1100px;
    margin:0 auto;
}
.header_top{
    height:132px;
}
.logo{
    float:left;
    margin-top:40px;
}
#header form{
    float:right;
    margin-top:64px;
}
.text1{
    width:196px;
    height:28px;
    border:2px solid #1171ca;
    padding-left:14px;
    color:# c0c0c0;
}
.search{
    width:61px;
    height:32px;
    background-color:#1171ca;
    border:none;
    color:#fff;
    cursor:pointer;
}
.nav{
    height:58px;
}
.nav li{
    float:left;
    margin-right:12px;
    width:127px;
    height:56px;
```

```
    line-height:56px;
    border-top:2px solid #bdbdbd;
    text-align:center;
}
.nav .li_last{
    margin-right:0;
}
.nav li a{
    font-size:16px;
}
.nav .li_home{
        border-top:2px solid #1171ca;
}
.nav .li_home a{
        color:#1171ca;
}
.nav li:hover a{
        color:#1171ca;
}
.nav li:hover{
        border-top:2px solid #1171ca;
}
```

知识点 2 banner 区域制作

banner区域只有一级结构，不需要对结构做进一步拆分。

banner区域结构代码范例

```
<div id="banner">
        <img src="images/banner.jpg" alt="banner">
</div>
```

banner区域样式代码范例

```
#banner{
    height:421px;
    width:1100px;
    margin:0 auto;
}
```

知识点 3 main 区域制作

main区域有二级结构，可拆分成上中下3块区域，如图14-6所示。

资产评估 百强评估所 评估更权
威服务有保障 专业评估团队 资
深评估

纳税规划设计专家 百强会计师
事务所 优秀企业的选择

企业邮箱入口

企业ERP入口

查看更多

查看更多

行业动态

> 关于阶段性减免企业社会保险费的通知

> 关于阶段性减征职工基本医疗保险费的指导意见

> 关于支持新型冠状病毒感染的肺炎防治工作

> 新冠肺炎疫情防控税收优惠政策指引

> 关于办理2019年度个人所得税注意事项

财政资讯

> 关于开展个税政策咨询及宣传辅导工作

> 关于开展个税政策咨询及宣传辅导工作的通知

> 向我所委派的5名财务人员发表持信

> 会计师文已给我所张加伟所长发感谢信

> 关于修订印发合并财务报表格式的通知

所内新闻

> 关于个人取得有关收入适用个人所得税应税所得项

> 实施减税降费 推动高质量发展

> 行政事业性国有资产"晒明账"

> 加强风险防范 实现事务所高质量发展

> 推进项目医院并购项目

客户案例

服务领域

人才招聘

图14-6

main区域二级结构代码范例

```
<div id="main">
 <div class="main_top"></div>
 <div class="main_mid"></div>
 <div class="main_bot"></div>

</div>
```

main区域二级样式代码范例

```
#main{
  height:997px;
  padding-top:39px;
  width:1100px;
  margin:0 auto;
}
```

```
.main_top{
  height:180px;
}
.main_mid{
  height:481px;
}
.main_bot{
  height:239px;
}
```

三级结构在二级拆分的基础上，将main_top、main_mid和main_bot等区域进一步拆分成左中右3个区块。

main_top区域

main_top区域可以拆分成左中右3个区块，其中第一个和第二个区块的结构和样式类似，第三个区块的结构和样式与前两个区块差别较大，如图14-7所示。

图14-7

main_top区域结构代码范例

```
<div class="main_top">
   <div class="main_top1"></div>
   <div class="main_top2"></div>
   <div class="main_top3"></div>
</div>
```

main_top区域的第一个区块也称"子级区块"，可拆分成左右两块，左边是图片区域，右边是文字区域，右边又可以拆分成上下两块，如图14-8所示。

main_top第一个区块结构代码范例

图14-8

```
<div class="main_top1">
   <div class="main_top1_l">
      <img src="images/main_top1_img1.jpg" alt="">
   </div>
   <div class="main_top1_r">
      <p>资产评估 百强评估所 评估更权威服务有保障 专业评估团队 资深评估</p>
      <a href="#" class="more">查看更多</a>
   </div>
</div>
```

main_top第一个区块样式代码范例

```
.main_top1{
    width:420px;
    height:180px;
    float:left;
    margin-right:20px;
    background-color:#d5e7f2;
}
.main_top1_l{
    float:left;
    width:176px;
}
.main_top1_r{
    float:left;
    font-size:14px;
    font-family:" 微软雅黑 ";
    width:244px;
}
.main_top1_r p{
    line-height:24px;
    height:117px;
    padding-top:22px;
    padding-left:23px;
    padding-right:30px;
}
.main_top1_r .more{
    float:right;
    width:80px;
    height:24px;
    background-color:#4579c6;
    text-align:center;
    line-height:24px;
    color:#FFF;
    margin-right:22px;
}
```

main_top区域第二个区块的结构和第一个区块的结构一样，但是背景颜色不一样，样式需要重新写。

```
.main_top2{
    width:420px;
    height:180px;
    float:left;
    margin-right:20px;
    background-color:#cee2fa;
}
```

main_top区域第三个区块和前两个区块不一样，里面可再拆分成上下两块。上面区块文字水平居中，使用text-align属性来设置；文字垂直居中，使用line-height属性来设置；宽度就是边框的宽度；高度是区块的顶部到边框间的距离。下面区块和上面区块结构一样，中间边框线加在上面或者下面区块上都可以。

main_top第三个区块结构代码范例

```
<div class="main_top3">
    <a href="#" class="email">企业邮箱入口 </a>
    <a href="#"> 企业 ERP 入口 </a>
</div>
```

main_top第三个区块样式代码范例

```
.main_top3{
    width:142px;
    padding:0 39px;
    height:180px;
    float:left;
    background-color:# c4d4eb;

}
.main_top3 a{
    height:89px;
    line-height:89px;
    font-size:22px;
    text-align:center;
    display:block;
}
.main_top3 .email{
    border-bottom:2px dashed #5a87cc;
}
```

main_mid区域

main_mid 区域可拆分成左中右3个区块，如图14-9所示。

图14-9

在图14-9中，左中右3个区块的结构类似，其中右区块没有右外间距。左区块可以再拆分成标题和无序列表两大区块，标题部分用标题标记来搭建，无序列表部分用<ul>、<li>和<a>等标记来搭建，如图14-10所示。

标题部分需要设置line-height单行行高、text-indent首行缩进、padding-top上内填充、border-bottom下边框线等属性。

无序列表部分需要设置line-height行高，使其文字单行垂直居中显示。列表前的小三角起装饰作用，使用background-image背景图来实现。

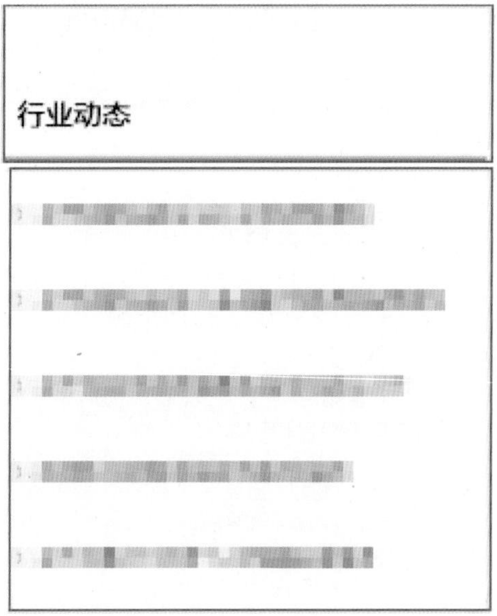

图14-10

main_mid区块结构代码范例

```
<div class="main_mid">
   <div class="main_mid1">
      <h3> 行业动态 </h3>
      <ul>
         <li><a href="#"> 关于阶段性减免企业社会保险费的通知 </a></li>
         <li><a href="#"> 关于阶段性减征职工基本医疗保险费的指导意见 </a></li>
         <li><a href="#"> 关于支持新型冠状病毒感染的肺炎防治工作 </a></li>
         <li><a href="#"> 新冠肺炎疫情防控税收优惠政策指引 </a></li>
         <li><a href="#"> 关于办理 2019 年度个人所得税注意事项 </a></li>
      </ul>
   </div>
   <div class="main_mid1">
      <h3> 财政资讯 </h3>
      <ul>
         <li><a href="#"> 关于开展个税政策咨询及宣传辅导工作 </a></li>
         <li><a href="#"> 关于开展个税政策咨询及宣传辅导工作的通知 </a></li>
         <li><a href="#"> 鲁氏集团对我所委派的 5 名财务人员发表扬信 </a></li>
         <li><a href="#"> 会计师文吕给我所张加伟所长发感谢信 </a></li>
         <li><a href="#"> 关于修订印发合并财务报表格式的通知 </a></li>
      </ul>
   </div>
   <div class="main_mid3">
      <h3> 所内新闻 </h3>
      <ul>
         <li><a href="#"> 关于个人取得有关收入适用个人所得税应税所得项 </a></li>
         <li><a href="#"> 实施减税降费  推动高质量发展 </a></li>
         <li><a href="#"> 行政事业性国有资产 " 晒细账 "</a></li>
         <li><a href="#"> 加强风险防范  实现事务所高质量发展 </a></li>
         <li><a href="#"> 推进鲁氏集团医院并购项目 </a></li>
      </ul>
   </div>
</div>
```

main_mid 区块样式代码范例

```
.main_mid{
   height:481px;
}
.main_mid1{
   width:350px;
   margin-right:25px;
   float:left;
}
.main_mid3{
   width:350px;
   float:left;
   margin-right:0;
}
.main_mid h3{
   font-size:20px;
   line-height:60px;
   padding-top:49px;
   text-indent:10px;
   border-bottom:3px solid #418dd5;
   margin-bottom:7px;
}
.main_mid li{
   line-height:60px;
   padding-left:27px;
  background-image:url("../images/arrow1.jpg");
  background-repeat:no-repeat;
  background-position:10px center;
  font-size:14px;
}
.main_mid li a:hover{
   color:#418dd5;
}
```

main_bot 区域

main_bot区域可以拆分成左中右3个区块，每个区块中的内容是一张图片，单击图片可以进行跳转。实现图片的跳转需要使用超链接标记。

main_bot 区域结构代码范例

```
<div class="main_bot">
   <a href="#"><img src="images/pic1.jpg" alt=""></a>
   <a href="#"><img src="images/pic2.jpg" alt=""></a>
   <a href="#" class="main_bot_pic3"><img src="images/pic3.jpg" alt=""></a>
</div>
```

main_bot 区域样式代码范例

```
.main_bot{
   height:239px;
}
.main_bot a{
   float:left;
   margin-right:22px;
}
```

```
}
.main_bot .main_bot_pic3{
    margin-right:0;
}
```

知识点 4 footer 区域制作

footer区域的结构较简单，分为左右两个区块：左侧是小导航，使用<ul>、<li>和<a>等标记来搭建；右侧是版权信息，使用<p>标记来搭建。

footer区域结构代码范例

```
<div id="footer">
    <ul>
        <li><a href="#">关于诚信</a></li>
        <li><a href="#">网站地图</a></li>
        <li><a href="#">法律声明</a></li>
        <li class="us"><a href="#">联系我们</a></li>
    </ul>
    <p>Copyright ©2015 All Reserved 京 ICP 备 号 </p>
</div>
```

footer区域样式代码范例

```
#footer{
    height:50px;
    width:1100px;
    margin:0 auto;
    border-top:3px solid #bfbfbf;
    padding-top:33px;
}
#footer ul{
    float:left;
}
#footer ul li{
    float:left;
    width:72px;
    line-height:16px;
    border-right:1px solid #000;
    text-align: center;
    font-size:14px;
}
#footer ul li a:hover{
    color:#1171ca;
}
#footer ul .us{
    border-right:0;
}
#footer p{
    float:right;
    font-size:14px;
}
```

第 **15** 课

HTML5基础

HTML5是构建Web内容的一种语言描述方式，也是互联网的下一代标准，被认为是互联网的核心技术之一。

HTML5是近几年最热门的语言之一，本课将由浅入深地带领读者走进HTML5的世界。

本课知识要点

◆ 什么是HTML5

◆ HTML5的优势

◆ HTML5新增标记

◆ <input>标记的新增类型

第1节 什么是HTML5

HTML5是HTML的第5个版本，其相对于HTML4.0和XHTML1.0新增了更多的标记和功能。

HTML5是构建Web内容的一种语言描述方式，被认为是互联网的核心技术之一 。

HTML5技术结合了HTML4.01的相关标准并进行了更新，符合现代网络发展要求，在2008年正式发布。

HTML5将Web带入了一个成熟的应用平台，在这个平台上，音频、视频、图像、动画等功能得到了提升，与设备的交互方式也进行了规范。

第2节 HTML5的优势

HTML5相对于之前的HTML版本有了很大的变化和更多的优势，主要变化和优势如下。

▌DOCTYPE声明的变化。任何版本的HTML都有DOCTYPE声明，HTML5版本中的声明更精简。

```
<!DOCTYPE html>
```

▌<meta>标记的变化。在HTML4.0版本中，<meta>标记的书写如下。

```
<meta http-equiv="Content-Type" content="text/html; charset=utf-8" />
```

在HTML5版本中，<meta>标记书写更加精简，如下所示。

```
<meta charest="utf-8" >
```

▌标记写法的变化。

在HTML4.0版本中单标记的结束需要加"/"，例如<img src="图片路径"/>。

在HTML5版本中单标记的结束"/"可以省略不写，例如<img src="图片路径">。

在HTML5版本中，除了<img>标记外，还有<link>、<meta>、
、<hr>、<input>等标记可以省略不写"/"。

▌HTML5的优势。HTML5相对于HTML4.0版本，其代码可读性更高，语言也更精简了，搜索引擎也更容易抓取内容。另一个优势是提供了更加丰富的功能，新增了大量多媒体和交互性标记，提升了用户体验，交互形式更丰富。

第3节 HTML5新增标记

在HTML5之前的版本中经常需要给标记命名，例如头部命名是header、导航区域命名是nav等。W3C对用户命名较多的单词做了统计，发现命名较多的单词有header、nav、section、footer等，这些单词被官方采纳吸收，并作为标记的名称确定了下来。

知识点 1 新增块级标记

HTML5 版本中新增的块级标记如下。

▌ <header>标记定义页面主体的头部。

<header>标记基本语法

```
<header></header>
```

▌ <nav>标记定义页面导航。

<nav>标记基本语法

```
<nav></nav>
```

▌ <section>标记定义文档中的节或区块。

<section>标记基本语法

```
<section></section>
```

▌ <article>标记定义页面独立的内容区域。

<article>标记基本语法

```
<article></article>
```

▌ <footer>标记定义页面底部或页脚。

<footer>标记基本语法

```
<footer></footer>
```

▌ <aside>标记定义页面侧边栏内容。

<aside>标记基本语法

```
<aside></aside>
```

知识点 2 新增行级标记

HTML5 版本中新增的行级标记如下。

▌ <mark>标记定义有记号的文本，需要突出显示文本时使用此标签。

<mark>标记基本语法

```
<mark></mark>
```

<mark>标记代码示例

```
<mark> 好好学习 </mark>
```

文字使用<mark>标记后呈现高亮状态，如图15-1所示。

<time>标记定义时间和日期。此标记是对日期时间的一种指定，从文档结构来看，可以更清晰明了地表示出日期时间，同时使搜索引擎能够更智能地生成搜索结果。

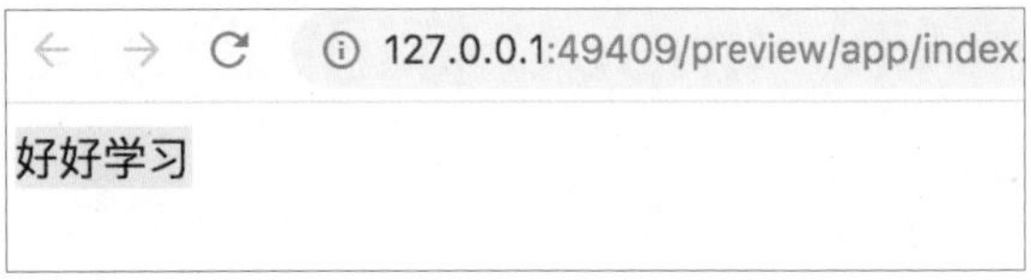

图15-1

<time>标记不会在任何浏览器中呈现任何特殊效果。

<time>标记常用的属性是datetime，用于定义元素的日期和时间。如果未定义该属性，则必须在标记的内容中规定日期或时间。

<time>标记基本语法

```
<time></time>
```

<time>标记代码示例

```
<p> 每天早上 <time>9:00</time> 开始上班。</p>
<p> 学校在 <time datetime="2020-09-10"> 教师节 </time> 召开会议。</p>
```

▌ <progress>标记定义一个进度条，用途较广泛，可用于文件上传和文件下载的进度显示，也可以用于loading的加载状态。

<progress>标记基本语法

```
<progress value=" 当前值 " max=" 需要完成的值 "></progress>
```

<progress>标记代码示例

```
<progress value="2" max="10"></progress>
```

以上代码的效果如图15-2所示。

图15-2

提示 〈progress〉标记的属性有两个，max属性规定需要完成的值，value属性规定进程的当前值。

知识点 3 新增多媒体标记

HTML5版本中新增的多媒体标记如下。

▌ <video>标记定义视频。

<video>标记基本语法

```
<video src=" 视频路径地址 " controls autoplay loop poster=" 图片地址 "></video>
```

支持的视频格式有MP4、WebM、OGG等。其属性中，controls指控件组；autoplay指自动播放；loop指循环播放；poster设置第一帧显示的画面，即预览图。

▌ <audio>标记定义音频。

<audio>标记基本语法

```
<audio src=" 音频地址 " controls autoplay loop></audio>
```

音频支持的格式有MP3、WAV、OGG等。

211

第4节 <input>标记的新增类型

表单在网站登录页或者注册页使用比较多，在HTML5中新增了多个表单输入类型，方便网页效果的制作。

知识点 1 email 类型

email类型指包含电子邮件地址的输入框。

email 基本语法

```
<input type="email"/>
```

email类型的输入框在提交表单数据时，会自动验证输入框内填入的内容是否符合email格式，如果不符合，则无法提交成功。

email 代码范例

```
<form>
    <input type="email" value="255    637@qq.com"/>
    <input type="submit" value=" 提交 "/>
</form>
```

在浏览器中浏览上述代码的效果如图15-3所示。

如果这个输入框中输入的不是邮件地址，提交的时候会有对应的文字提示，如图15-4所示。

图15-3　　　　　　　　　　　　　　　　　　　　　　　图15-4

知识点 2 url 类型

url类型指用来输入url地址的输入框，如果填入的内容不是url格式，则无法提交成功。

url 基本语法

```
<input type="url" value=" 网址 "/>
```

url 代码范例

```
<form>
    <input type="url" value="http://www.baidu.com"/>
    <input type="submit" value=" 提交 "/>
</form>
```

在浏览器中浏览上述代码的效果如图15-5所示。

如果这个输入框中输入的不是url地址，提交的时候会有对应的文字提示，如图15-6所示。

图15-5 图15-6

知识点3 date 类型

在网站中经常会看到日期选择的相关操作，在HTML5之前，实现日期选择的操作需要使用JavaScript来实现。在HTML5中只要使用<input>标记中的date类型就可以实现日历的形式，方便用户输入。

date基本语法

```
<input type="date"/>
```

date代码范例

```
<form>
    <input type="date" />
</form>
```

在浏览器中浏览上述代码的效果如图15-7所示。

图15-7

知识点4 time 类型

time类型指专门用来输入时间的输入框，在提交的时候会对输入的时间进行对应的检查。不同的浏览器表现出来的形式是不一样的。

time基本语法

```
<input type="time"/>
```

time代码范例

```
<form>
    <input type="time" />
</form>
```

在浏览器中浏览上述代码的效果如图15-8所示。

图15-8

本课练习题

问答题

（1）回顾本课第3节知识点，列举出至少10个HTML5中新增的标记。

（2）回顾本课第4节知识点，列举出至少3个HTML5中<input>标记的新增类型。

参考答案

（1）<header>、<nav>、<section>、<article>、<footer>、<aside>、<mark>、<time>、<progress>、<video>、<audio>。

（2）email、url、date、time。

第 **16** 课

CSS3常用样式

CSS3是CSS语言的第3个版本，前面学习的CSS知识都是CSS2的样式。

CSS3于1999年由W3C开始制订，2001年5月23日W3C完成CSS3的工作草案。

本课将重点学习CSS3中常用的新属性。

本课知识要点

◆ 伪类选择器

◆ text-shadow文本阴影

◆ rgba颜色模式

◆ box-shadow盒阴影

◆ border-radius圆角

◆ box-sizing盒模型尺寸

◆ transition过渡样式

◆ transform转换样式

◆ animation动画属性

第1节 伪类选择器

在CSS3中新增了一些伪类选择器，常用的有以下两种。

▌ E:before选择器，指在E元素内部的前面插入内容。

伪类选择器基本语法①

```
E:before{
    content:"";
}
```

content定义要加入的内容，代码如下所示。

伪类选择器代码结构范例①

```
<div> 伪类选择器 </div>
```

伪类选择器代码样式范例①

```
div:before{
    content:" 提问: ";
}
```

在浏览器中浏览上述代码的效果如图16-1所示。

如果想要加入的内容是块级元素，需要使用display:block来实现，代码书写如下。

图16-1

伪类选择器代码样式范例②

```
div:before{
  content:" 提问: ";
  display:block;
}
```

▌ E:after选择器，指在E元素内部的后面插入内容。

伪类选择器基本语法 ②

```
E:after{
    content:"";
}
```

content定义要加入的内容，代码如下所示。

伪类选择器代码结构范例②

```
<div> 伪类选择器 </div>
```

伪类选择器代码样式范例③

```
div:after{
    content:", CSS3 的学习 ";
}
```

在浏览器中浏览上述代码的效果如图16-2所示。

图16-2

第2节 text-shadow文本阴影

text一词中文翻译是文本，shadow一词中文翻译是阴影，这两个单词组成的词组在CSS3样式中指文本阴影。

text-shadow文本阴影基本语法

```
text-shadow:h-shadow v-shadow blur color;
```

text-shadow文本阴影的语法说明如下。

▌ h-shadow指文本水平方向的阴影位置。

▌ v-shadow指文本垂直方向的阴影位置。

▌ blur指文本阴影模糊。

▌ color指文本阴影的颜色，默认情况下是黑色。

text-shadow属性有多个属性值时，属性值与属性值之间用一个空格隔开。

text-shadow文本阴影代码范例

```html
<!doctype html>
<html>
<head>
<meta charset="utf-8">
<title> 文本阴影 </title>
<style>
    div{
        text-shadow:10px 10px 5px red;
    }
</style>
</head>
<body>
    <div> 文本阴影 </div>
</body>
</html>
```

注意 代码中加粗部分表示给〈div〉标记赋予文字阴影属性。使用浏览器浏览以上代码的效果如图16-3所示。

图16-3

第3节 rgba颜色模式

CSS样式中颜色的写法有多种，分别有十六进制色值、表示颜色的英文单词和颜色模式等。前两种写法在前面的章节中已经接触到，本节讲解颜色模式的写法。

rgba颜色模式基本语法

```
rgba(r,g,b,a);
```

rgba颜色模式的语法说明如下。

▌ rgb指光的三原色，r表示红色通道，g表示绿色通道，b表示蓝色通道。

▌ a指alpha通道，其控制透明度，取值为0 ~ 1。

rgba颜色模式代码范例

```
<html>
<head>
<meta charset="UTF-8">
<title>rgba()</title>
<style>
        div{
            width:200px;
            height:200px;
            background-color:red;
        }
        .box{
            width:200px;
            height:200px;
            background-color:rgba(255,0,0,0.4);
        }
</style>
</head>

<body>
    <div> 设置 100% 的红色 </div>
    <div class="box"> 设置透明度为 40% 的红色 </div>
</body>
</html>
```

注意　代码中加粗部分表示分别给〈div〉标记和名为box的元素设置100%的红色和40%的红色。使用浏览器浏览以上代码的效果如图l6-4所示。

图16-4

第4节 box-shadow盒阴影

在CSS3以前，如果需要给一个区块添加阴影，只能通过给区块设置背景图的方式来实现，这种方法比较烦琐，而在CSS3中实现区块的阴影是非常简单的。

box-shadow盒阴影基本语法

```
box-shadow:h-shadow v-shadow blur spread color inset;
```

box-shadow盒阴影的语法说明如下。

▌ h-shadow指区块水平方向的阴影位置。

▌ v-shaodw指区块垂直方向的阴影位置。

▌ blur指区块阴影模糊值。

▌ spread指区块阴影尺寸（扩展值）。

▌ color指阴影颜色。

▌ inset指区块内阴影，用来设置阴影位置。outset指区块外阴影，其属性值可以省略不写，默认情况下为inset值。

box-shadow盒阴影代码范例

```
<!doctype html>
<html>
<head>
<meta charset="UTF-8">
<title>box-shadow</title>
<style>
    div{
        width:100px;
        height: 100px;
        box-shadow:10px 10px 5px red;
    }
</style>
</head>
<body>
    <div> 盒阴影 </div>
</body>
</html>
```

注意　代码中加粗部分指给〈div〉标记赋予盒阴影属性，样式中第一个10px指的是水平方向偏移值，第二个10px指的是垂直方向偏移值，5px指的是阴影模糊值，red指的是阴影颜色为红色，样式中省略了阴影的扩展值和阴影位置。使用浏览器浏览以上代码的效果如图16-5所示。

图16-5

第5节 border-radius圆角

设计师在设计网页作品时，很多地方都会用到圆角，圆角比直角在视觉上更加美观，要在CSS2中实现圆角效果需要使用背景图的方式，其过程比较烦琐。在CSS3中可以直接用border-radius属性设置圆角边框。

border-radius属性的优势在于代替图片来实现圆角边框效果，使网页加载速度更快，实现起来更方便。

border-radius圆角基本语法

```
border-radius:none |<length>{1,4}[<length>{1,4}]
```

border-radius圆角的语法说明如下。

border-radius属性有4个圆角半径的值需要设定，如果4个值没有写全，其代表的含义是不一样的。

下面以div>标记为例讲解不同写法代表的不同含义。

▌ border-radius属性设置1个属性值。

border-radius属性代码范例①

```
<!doctype html>
<html>
<head>
<meta charset="utf-8">
<title> 圆角边框 </title>
<style>
     div{
         width:100px;
         height:100px;
         border:1px solid red;
         border-radius:10px;
         }
</style>
</head>
<body>
    <div></div>
</body>
</html>
```

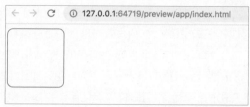

图16-6

> **注意** 代码中加粗部分表示给〈div〉标记赋予圆角属性，其属性值表示区块4个方向的圆角半径大小一致。使用浏览器浏览以上代码的效果如图16-6所示。

▌ border-radius属性设置2个属性值。

border-radius属性代码范例②

```
<!doctype html>
<html>
<head>
<meta charset="utf-8">
```

```
<title> 圆角边框 </title>
<style>
     div{
         width:100px;
         height:100px;
         border:1px solid red;
         border-radius:10px 20px;
         }
</style>
</head>
<body>
    <div></div>
</body>
</html>
```

注意 代码中加粗部分表示给〈div〉标记赋予圆角属性，其中第一个属性值表示左上和右下方向的圆角半径大小，第二个属性值表示右上和左下方向的圆角半径大小。使用浏览器浏览以上代码的效果如图16-7所示。

图16-7

▌ border-radius属性设置3个属性值。

border-radius属性代码范例③

```
<!doctype html>
<html>
<head>
<meta charset="utf-8">
<title> 圆角边框 </title>
<style>
     div{
         width:100px;
         height:100px;
         border:1px solid red;
         border-radius:10px 20px 30px;
         }
</style>
</head>
<body>
    <div></div>
</body>
</html>
```

注意 代码中加粗部分表示给〈div〉标记赋予圆角属性，其第一个属性值表示左上方向的圆角半径大小，第二个属性值表示右上和左下方向的圆角半径大小，第三个属性值表示右下方向的圆角半径大小。使用浏览器浏览以上代码的效果如图16-8所示。

图16-8

▍border-radius 属性设置 4 个属性值。

border-radius 属性代码范例④

```
<!doctype html>
<html>
<head>
<meta charset="utf-8">
<title> 圆角边框 </title>
<style>
    div{
        width:100px;
        height:100px;
        border:1px solid red;
        border-radius:10px 20px 30px 40px;
        }

</style>
</head>
<body>
    <div></div>
</body>
</html>
```

注意 代码中加粗部分表示给〈div〉标记赋予圆角属性，其中第一个属性值表示左上方向的圆角半径大小，第二个属性值表示右上方向的圆角半径大小，第三个属性值表示右下方向的圆角半径大小，第四个属性值表示左下方向的圆角半径大小。使用浏览器浏览以上代码的效果如图16-9所示。

图16-9

第6节 box-sizing盒模型尺寸

box-sizing 规定容器尺寸的计算方式，其不设置属性值的情况下为标准盒模型（box-sizing:content-box），即 width 和 height 的属性值就是内容的宽和高。

如果将一个元素定义为 box-sizing:border-box，宽高的计算方法如下。

width = 左右 border + 左右 padding + 内容宽

heigth = 上下 border + 上下 padding + 内容高

例如要给〈div〉标记设置 box-sizing 属性。

box-sizing 盒模型尺寸代码样式范例

```
div{
    box-sizing:border-box;
    width:100px;
    padding-left: 10px;
    border-left: 2px red solid;
}
```

注意 代码中加粗部分的代码表示给〈div〉标记赋予宽为100px，其属性值100px包含了左右border、左右padding和内容宽的值，如果要计算内容宽的值，则为100-10-2=88。

第7节 transition过渡样式

transition过渡样式属性可以实现属性转换过程中的动画效果。

transition过渡样式基本语法

```
transition:property duration timing-function delay;
```

transition过渡样式的语法说明如下。

▌ property可以定义过渡效果的CSS属性，例如定义color、width属性等。

▌ duration可以定义完成过渡动画效果需要多长时间，时间单位可以是秒（s）或者毫秒（ms），1s=1000ms。

▌ timing-function可以定义速度效果曲线，即过渡动画的运动形式，例如ease-in、ease-out、ease-in-out等。

▌ delay指过渡延迟，即延迟几秒后再做过渡动画。

例如鼠标指针经过<div>标记时，<div>标记的宽度由100px过渡到200px。

transition过渡样式代码范例

```
<!doctype html>
<html>
<head>
<meta charset="utf-8">
<title> transition </title>
<style>
    div{
        width:100px;
        height:20px;
        background-color:red;
        }
    div:hover{
        transition:1s;
        width:200px;
        }
</style>
</head>
<body>
    <div></div>
</body>
</html>
```

注意 代码中加粗部分表示鼠标指针经过〈div〉标记时，〈div〉标记的宽度由100px过渡到200px。此属性涉及动画效果，建议通过浏览器观看。

在浏览器中观察效果可以发现，鼠标指针经过<div>标记时，<div>标记的宽度由100px

过渡到200px，但是鼠标指针离开<div>标记时却没有过渡效果，这是因为过渡效果只加给了鼠标指针经过时的状态，并没有加给鼠标指针离开时的状态。如果想要鼠标指针经过和离开时都有过渡效果，可以将transition属性添加给<div>标记，代码如下。

transition过渡样式代码范例

```
<!doctype html>
<html>
<head>
<meta charset="utf-8">
<title>transition</title>
<style>
    div{
        width:100px;
        height:20px;
        background-color:red;
        transition:1s;
        }
    div:hover{
        width:200px;
        }
</style>
</head>
<body>
    <div></div>
</body>
</html>
```

注意 代码中加粗部分表示鼠标指针经过或离开〈div〉标记时都会有过渡效果。

第8节 transform转换样式

transform一词的中文翻译是变形、转换，在CSS3中指变形动画效果，包含位移、旋转、缩放、倾斜等转换效果。

知识点 1 translate 位移

translate属性值可以实现区块位置移动的效果。

translate位移基本语法

```
transform:translate(x,y);
```

translate位移的语法说明如下。

▌ translate(x,y) 指 x 轴（水平方向）和 y 轴（垂直方向）位移。

▌ translateX(值)指水平方向移动。

▌ translateY(值)指垂直方向移动。

例如给图片标记做 x 轴和 y 轴方向的位移。

translate位移代码范例

```
<!doctype html>
<html>
<head>
<meta charset="utf-8">
<title>translate()</title>
<style>
    img{
        transition: 1s;
        }
    img:hover{
        transform:translate(20px,30px);
        }
</style>
</head>

<body>
    <img src="images/nature5.jpg">
</body>
</html>
```

注意 上述代码中此属性涉及动画效果，建议通过浏览器观看。

知识点 2 rotate 旋转

rotate一词的中文翻译是旋转，其属性值通过设置数值来指定区块的旋转角度。

rotate旋转基本语法

```
transform:rotate(deg);
```

其中，deg指角度单位。

rotate旋转代码范例

```
<!doctype html>
<html>
<head>
<meta charset="utf-8">
<title> rotate()</title>
<style>
    img{
        transition: 1s;
        }
    img:hover{
        transform:rotate(30deg);
        }
</style>
</head>
<body>
    <img src="images/nature8.jpg">
</body>
</html>
```

注意 此属性涉及动画效果，建议通过浏览器观看。

知识点 3 scale 缩放

scale一词的中文翻译是规模、比例，其属性值通过设置数值来指定区块的缩放比例。

scale缩放基本语法

```
transform:scale(缩放值);
```

scale缩放的语法说明如下。

▌ scale(缩放值)表示区块的宽高等比例缩放。

▌ scale(x,y)中x表示区块的水平方向缩放，y表示区块的垂直方向缩放，y是一个可选参数，如果没有设置y值，则表示x、y两个方向的缩放倍数是一样的，并以x为准。

▌ scaleX(值)指区块的水平方向缩放。

▌ scaleY(值) 指区块的垂直方向缩放。

如果缩放值为1，表示区块的原始大小；如果值小于1，表示区块缩小；如果值大于1，表示区块放大。

scale缩放代码范例

```
<!doctype html>
<html>
<head>
<meta charset="utf-8">
<title>scale()</title>
    <style>
        img{
            transition:1s;
        }
        img:hover{
            transform:scale(0,0.8);
        }
</style>
</head>
<body>
   <img src="images/nature8.jpg">
</body>
</html>
```

注意 此属性涉及动画效果，建议通过浏览器观看。

知识点 4 skew 扭曲

skew一词的中文翻译是倾斜，其属性值通过设置数值来指定区块的扭曲效果。

skew扭曲基本语法

```
transform: skew ();
```

skew扭曲的语法说明如下。

skew(x,y) 指区块的水平和垂直方向同时扭曲。

skewX(值) 指区块的水平方向扭曲倾斜角度。

skewY(值) 指区块的垂直方向扭曲倾斜角度。

skew扭曲代码范例

```
<!doctype html>
<html>
<head>
<meta charset="utf-8">
<title>skew ()</title>
<style>
        img{
            transition: 1s;
        }
        img:hover{
            transform:skewX(30deg);
        }
</style>
</head>
<body>
    <img src="images/nature8.jpg">
</body>
</html>
```

注意 此属性涉及动画效果，建议通过浏览器观看。

第9节 animation动画属性

CSS3中的动画功能远不止前面讲到的过渡动画和转换动画，一些较为常见的复杂动画可通过animation属性来实现。

知识点 1 @keyframes 规则声明

要实现animation动画首先要学习@keyframes规则，在@keyframes中规定CSS3样式，设置动画效果。

@keyframes规则常规语法

```
@keyframes 对象名称
{
 from{ 属性 : 值 ; }
 to{ 属性 : 值 ; }
}
```

@keyframes 规则百分比语法

```
@keyframes 对象名称
{
 0%{ 属性 : 值 ; }
 25%{ 属性 : 值 ; }
 50%{ 属性 : 值 ; }
 100%{ 属性 : 值 ; }
}
```

其中，from和0是动画开始，to和100%是动画完成。

@keyframes规则因为涉及浏览器的兼容性问题，所以需要针对4种主流浏览器单独书写，即在属性前加上浏览器的私有属性。

- @-moz-keyframes 为Firefox浏览器的写法。

- @-webkit-keyframes 为Chrome浏览器的写法。

- @-o-keyframes 为Opera浏览器的写法。

- @-ms-keyframes 为IE浏览器的写法。

知识点 2　animation 动画

animation动画在不需要触发任何条件的情况下，随着时间的变化，CSS3属性会发生相应的改变，从而实现动画效果。

animation 动画基本语法

```
animation:name duration timing-function delay iteration direction;
```

animation动画的语法说明如下。

- name定义到关联选择器的keyframe名称。

- duration定义完成动画所需要的时间，一般以秒或者毫秒来计算。

- timing-function定义动画函数曲线，一般分为ease-in、ease-out和ease-in-out。

- delay定义动画延迟多少时间后开始执行。

- iteration-count定义动画播放的次数，infinite为无限次播放。

- direction定义动画是否轮流反向播放。

接下来通过一个代码范例加深对动画的认识。

animation 动画代码范例

```
<!doctype html>
<html>
<head>
<meta charset="utf-8">
<title> 动画 </title>
<style>
    div{
        width:200px;
        height:200px;
```

```
        border:1px solid red;
        margin:100px auto;
        border-radius:10px;
        position:relative;
    }
    div span{
        position:absolute;
        width:20px;
        height:20px;
        background:red;
        border-radius:50%;
        top:0;
        left:0;
        -webkit-animation:zhuan 10s ease infinite 1s;
        animation:zhuan 10s ease infinite 1s;
    }
    @-webkit-keyframes zhuan{
        0%{
            top:0;
            left:0;
        }
        25%{
            top:0;
            left:180px;
        }
        50%{
            top:180px;
            left:180px;
        }
        75%{
            top:180px;
            left:0;
        }
        100%{
            top:0;
            left:0;
        }
    }
    @keyframes zhuan{
        0%{
            top:0;
            left:0;
        }
        25%{
            top:0;
            left:180px;
        }
        50%{

            top:180px;
            left:180px;
        }
```

```
        75%{
            top:180px;
            left:0;
        }
        100%{
            top:0;
            left:0;
        }
    }
</style>
</head>
<body>
    <div><span></span></div>
</body>
</html>
```

注意　上述代码涉及动画效果，建议通过浏览器观看。此代码的
静态效果如图16-10所示。

　　上述代码范例中只针对webkit内核做了私有前缀，如
果想要其他浏览器也兼容此效果，需要将其他浏览器的私
有属性添加到样式中。

图16-10

本课练习题

操作题

回顾本课第5节至第7节知识点，制作图16-11所示的网页效果。

图16-11

操作题要点提示

本练习题是CSS知识点的综合运用，需要重点注意的是border-radius、box-shadow等属性，此效果中的图片作为背景图写在样式里，写好后需要在浏览器中预览才能看到实际的页面效果。

第 **17** 课

响应式布局

响应式与栅格化布局是近几年非常流行的页面布局方式。本课将会从布局原理、布局方法等方面进行讲解，让读者充分理解什么是响应式与栅格化布局，以及这样布局的优势。

本课知识要点

◆ 响应式布局的原理
◆ 响应式布局的实现

响应式布局是伊森·马科特（Ethan Marcotte）在2010年5月提出的一个概念，指一个网站能够兼容多个终端设备，而不用为每个终端做一个特定的版本，例如现有的终端有手机端、ipad端、PC端等。不同的终端设备因为尺寸大小不一样，需要单独写多个网站代码来进行适配，而响应式布局通过一套网站代码就能解决这个问题，响应式布局这个概念其实是为解决移动互联网多终端浏览这个问题而诞生的。

知识点 1 响应式布局原理

响应式布局可以使同一页面在不同屏幕尺寸下有不同的布局。传统的页面开发方式是PC端开发一套网站代码，手机端再开发一套网站代码，而使用响应式布局只要开发一套网站代码就够了。响应式布局开发一套页面结构，通过检测视口分辨率大小，匹配不同样式，来展现不同的布局和内容。

响应式布局可以为不同终端的用户提供更舒适的界面和更好的用户体验，随着各种移动设备的普及，响应式布局的使用也越来越普遍，它的优点如下。

▌ 响应式布局针对不同设备，灵活性强。

▌ 响应式布局能快速解决多设备显示自适应问题。

知识点 2 响应式布局的实现

实现响应式布局需要以下操作步骤。

（1）设置视口viewport。视口viewport指用户网页可视区域，使用<meta>标记来设置，添加在<head></head>标记之间。

```
<meta name="viewport" content="width=device-width, initial-scale=1,
maximum-scale=1, user-scalable=no">
```

▌ width表示可视区域的宽度，值可以是数字或关键词device-width。

▌ initial-scale表示页面首次被显示是可视区域的缩放级别，取值1则页面按实际尺寸显示，无任何缩放。

▌ maximum-scale表示可视区域的缩放级别，取值1将禁止用户放大到实际尺寸之上。

▌ user-scalable用于设置是否对页面进行缩放，no指禁止缩放。

（2）添加外部样式表。新建CSS文件，命名为responsive，链接到HTML文件中。

```
<link href="css/responsive.css" rel="stylesheet" type="text/css">
```

在responsive.css文件中书写正常情况下的网页样式属性。

（3）添加媒体查询。媒体查询是响应式设计的核心，它会根据设置的条件来告诉浏览器如何为指定视图的宽度渲染页面。在responsive.css文件中继续添加媒体查询样式，写法如下。

```
@media screen and (max-width:1200px){
   选择器 { 属性: 属性值; }
}
```

▌ media 指媒体。

▌ screen 指媒体类型，用于计算机、平板电脑、智能手机等，如果把 screen 换成 all，指的是所有设备。

▌ and 指将多个媒体特性结合在一起。

▌ max-width 指最大宽度，根据需要也可以设置为最小宽度 min-width。

（4）响应式网站尺寸可以参考前端框架 bootstrap 提供的标准，有3个尺寸，从大到小分别是1200px、992px和776px。

代码范例

```
@media screen and (max-width:1200px){
   选择器 { 属性: 属性值; }
}
@media screen and (max-width:992px){
   选择器 { 属性: 属性值; }
}

@media screen and (max-width:776px){
   选择器 { 属性: 属性值; }
}
```

上述操作步骤书写好后，在浏览器中就会根据不同尺寸来显示不同的样式。

下面通过一个案例来巩固上述所讲的知识点。

🗒 **案例**

正常布局时，安全区域宽1200px，4个内容区块并排显示，布局结构如图17-1所示。

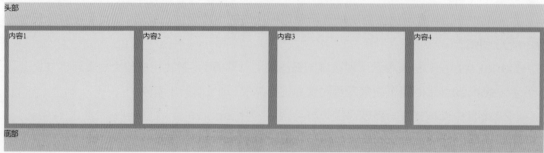

图17-1

屏幕尺寸在1200px以内时，4个内容区块分两排显示，布局结构如图17-2所示。

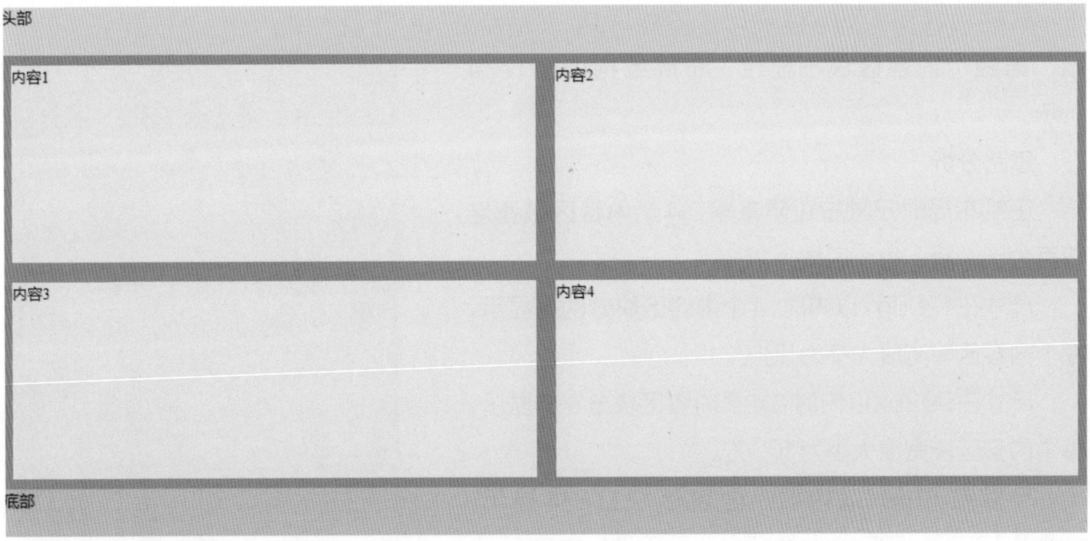

图17-2

屏幕尺寸在992px以内时，4个内容区块分4排显示，布局结构如图17-3所示。

图17-3

屏幕尺寸在776px以内时，内容区块分3排显示，第四个内容区块不显示，布局结构如图17-4所示。

思路分析

正常布局时尺寸按正常来写，4个内容区域宽度按百分比来写，每个区域为25%。

尺寸在1200px以内时，4个内容区块分两排显示，每个内容区块宽度大小为50%。

尺寸在992px以内时，4个内容区块分4排显示，每个内容区块宽度大小为100%。

尺寸在776px以内时，内容区块分3排显示，每个内容区块宽度大小为100%，第四个内容区块不显示，需要给第四个区块单独取名，并设置样式display:none。

根据以上需求和思路分析，接下来搭建网页结构。

图17-4

代码范例

```
<body>
    <header> 头部 </header>
    <section>
        <div ><p> 内容 1</p></div>
        <div><p> 内容 2</p></div>
        <div><p> 内容 3</p></div>
        <div class="box1"><p> 内容 4</p></div>
    </section>
    <footer> 底部 </footer>
</body>
```

在<head>标记内加入视口和链接外部样式表。

```
<head>
<meta charset="utf-8">
<meta name="viewport" content="width=device-width, initial-scale=1,
maximum-scale=1, user-scalable=no">
<title> 响应式布局案例 </title>
<link href="responsive.css" rel="stylesheet" type="text/css">
</head>
```

在外部样式表中先书写基础样式和正常布局样式。

正常布局样式范例

```
*{margin:0;padding:0;}
header{width:1200px;height:50px;background-color:pink;margin:0 auto;}
```

```
section{width:1200px;background-color:tomato;margin:0 auto;}
section:after{/* 清浮动 */
    content:"";
    display:block;
    clear:both;
}
section div{width:25%;box-sizing: border-box;padding:10px;float:left;}
section div p{background-color:yellow;height:200px}
footer{width:1200px;height:50px;background-color:orange;margin:0 auto;}
```

代码中:after{content:" ";display:block;clear:both;}为清浮动的另一种方法。

上述代码还可以做进一步的优化，最大宽度为1200px部分的css样式可以继承到最大宽度为992px和776px的样式中，因为992px和776px都不超过1200px，符合max-width:1200px的条件，相同的样式可以不写。

```
@media screen and (max-width:1200px){
header{width:100%;}
section{width:100%;}
section div{width:50%;box-sizing: border-box;padding:10px;float:left;}
section div p{background-color:yellow;height:200px}
footer{width:100%;}
}
@media screen and (max-width:992px){
section div{width:100%;}
}
@media screen and (max-width:776px){
section div{width:100%}
section .box1{display:none;}
}
```

浏览器可以看到上述代码的最终效果。